和菓子企業の原料調達と地域回帰

佐藤 奨平 編著

筑波書房

目　次

序章　本書の課題と構成 …… 1
第1節　本書のねらい …… 1
第2節　本書の課題 …… 2
第3節　本書の構成 …… 3

総論編 …… 7

第1章　和菓子をめぐる産業構造 …… 9
第1節　和菓子の多様性と本章の目的 …… 9
第2節　本章での「和菓子」に対する視座と分析方法 …… 12
第3節　和菓子の原料の生産地域 …… 23
1）米 …… 23
2）小豆 …… 29
3）砂糖 …… 31
4）寒天 …… 34
5）柏の葉 …… 36
第4節　和菓子の消費と地域性 …… 38
第5節　和菓子製造企業の規模の動態 …… 44
第6節　和菓子企業と地域との関わり―総合的考察と残された課題― …… 49

コラム　地域の女性が支える生菓子産業 …… 57

第2章　原料卸売企業からみた和菓子業界の特質と課題 …… 59
第1節　研究の背景と目的 …… 59
第2節　研究の方法 …… 60
第3節　S社にみる和菓子原料卸売業界の特質 …… 60
第4節　和菓子の原料調達の特質と課題 …… 64
1）小豆 …… 64
2）クリ …… 66
3）ヨモギ …… 68
4）原料調達の地域回帰志向の高まり …… 69
第5節　結論と課題 …… 71

補論　和菓子業界における原料調達の新局面
—栄養成分表示と新たな原料原産地表示の義務化に着目して—……………75
第1節　新法「食品表示法」制定の背景と目的 ……………………………76
第2節　加工食品の栄養成分表示の義務化 …………………………………79
第3節　すべての加工食品の原料原産地表示の義務化…………………82
第4節　和菓子業界ならではの課題 …………………………………………89
第5節　和菓子業界ならではの可能性……………………………………93
第6節　和菓子業界における原料調達の一展望
—国内農業との新たな連携や連携強化— ……………………………97

事例編 ……………………………………………………………………… 101

第3章　和菓子企業の農業参入による原料生産の展開過程と課題 ………103
第1節　はじめに ………………………………………………………… 103
第2節　和菓子原料の果樹の生産に取り組む㈱M …………………… 105
1）㈱Mの概況と菓子原料生産の背景　………………………………… 105
2）㈱Mの農業生産の体制と農業生産　………………………………… 107
3）自社生産のメリットと位置付け—菓子原料調達の立場から— ………… 109
4）今後の展開—地域の和菓子企業とは何か— ………………………… 111
第3節　㈱Tの和菓子原料の生産の展開課程と課題 …………………… 112
1）㈱Tの概況と農業参入の経緯…………………………………………… 112
2）㈱Tの農業部門の展開過程 …………………………………………… 115
3）小括 ……………………………………………………………………… 119
第4節　おわりに ………………………………………………………… 120

コラム　土産物としての菓子　前編
—農村における新たな農産物の導入と土産物の開発の事例から— …… 125

第4章　クリ菓子業者によるクリ生産への接近
—岐阜県恵那市㈱恵那川上屋を事例に—……………………………129
第1節　クリ菓子の特徴と調査地の位置づけ ………………………… 129
第2節　調査地におけるクリ菓子とクリ生産の概況…………………… 130
1）クリ菓子の歴史と現状………………………………………………… 130
2）クリ生産の概況 ………………………………………………………… 131

3）クリ菓子業者における原料クリの調達 …… 134
第3節　㈱恵那川上屋の概況 …… 135
第4節　地域農業への働きかけ …… 137
1）地元農家との契約栽培の開始 …… 137
2）「超特選栗」生産者の組織化へ—JAひがしみの恵那栗超特選部会—… 139
第5節　クリ生産事業の拡大 …… 140
1）農業生産法人㈲恵那栗の設立 …… 140
2）他地域との連携体制の構築 …… 142
3）他産地原料と商品開発 …… 144
第6節　クリ菓子業者によるクリ生産への接近 …… 146
1）クリ菓子と原料クリの関係 …… 146
2）新たなクリ調達経路を確立した意義 …… 147
3）クリ生産者への影響 …… 148
4）課題と展望 …… 149

第5章　和菓子企業と地域農業との連携
—長野県飯島町㈱信州里の菓工房を事例に— …… 153
第1節　はじめに …… 153
第2節　飯島町の概要と地域農業システムの取組 …… 153
第3節　和菓子製造業者と飯島町との連携の経緯 …… 155
第4節　㈱信州里の菓工房の経営 …… 157
1）経営の概要 …… 157
2）地域への定着過程 …… 158
3）地元生産者との連携と地元食材利用のメリット …… 159
4）今後の展望 …… 161
第5節　栗生産法人の取組 …… 161
第6節　総括 …… 165

コラム　土産物としての菓子　後編
—「TOKYOの畑から」の取り組みの経験から— …… 167

第6章　農業法人による和菓子製造とマーケティング戦略
—集落の水田を守る社会的企業・有限会社藤原ファームの事例分析—…… 171
第1節　本章の目的 …… 171

第２節　対象地域の概況と藤原ファームの設立経緯 …… 175
１）対象地域 …… 175
２）近藤氏による藤原ファームの設立とその位置付け …… 176
第３節　旧藤原町による農業公園整備と藤原ファームの事業展開 …… 178
１）旧藤原町の地域活性化に向けた農業公園設置 …… 178
２）地域活性化施策に呼応した近藤氏の活動の展開 …… 179
第４節　地域施策の変容と藤原ファームの戦略の現段階 …… 181
１）町合併による地域施策の変容 …… 181
２）藤原ファームの現状と課題 …… 184
第５節　藤原ファームにおける和菓子原料調達とマーケティング戦略
—他事例との比較も含めて— …… 191

コラム　食文化としての和菓子と地域資源の活用 …… 199

終章　和菓子企業の地域回帰の特徴 …… 203
第１節　和菓子産業の現状と原料調達の仕組み …… 203
１）総論編の要約 …… 203
２）和菓子産業の特質と原料調達 …… 205
第２節　和菓子企業の原料調達における「地域回帰」の取り組みと
その性質 …… 206
１）事例編の要約 …… 206
２）原料調達の手法を巡る論点 …… 207
３）原料調達からマーケティングへ …… 208
４）地域農業維持・地域振興への貢献 …… 209
第３節　残された課題と展望 …… 210
１）個別の事業者が取り組むことの限界 …… 210
２）「地域回帰」の「枠組み」構築に向けて …… 211

私のコメント（中島正道） …… 213
あとがき …… 219

序章

本書の課題と構成

第1節　本書のねらい

「五感の芸術」といわれる和菓子は，日本各地の風土・文化のなかで育まれ，洗練されてきた食品である。職人の創意工夫が生み出した和菓子の意匠や造形をみると，四季折々の地域の風情が感じられる。和菓子には，見た目や食感だけでなく，素材の味や香り，菓子名の美しい響きをも愉しませる要素が備わっている。和菓子は，長い間，地場の農産物と職人の手わざが調和して作られてきた。さまざまな地域名菓は，こうして誕生したのである。しかし，高度経済成長期以降，和菓子業界では，他の食品と同様に大量生産・流通時代を迎え，とくに大手メーカーを中心に，原料は輸入に依存し，職人の手わざは機械へと転換することもあった。現在は，需要飽和・市場成熟化の下で，消費者の価値観・ニーズの変化を受けて，新たな対応が進められている。

しかしながら，多くの和菓子企業は，さまざまな中小の伝統食品企業と同様に，職人の手わざを残しつつ，地域密着型経営を得意としてきた。近年では，その強みにさらに磨きをかけるかのように，和菓子の原料を輸入から国産へと戻したり，国産でも地場の農産物に特化したりするなどの「地域回帰」志向の高まりが見受けられるようになってきた。では，こうした和菓子企業の地域回帰は，なぜ起きているのか。それは，健康・安全・安心・高級志向等への対応であったり，地産地消等にみる国際化・グローバル化への対抗軸であったりするだけではなく，和菓子企業を取り巻くさまざまな環境変化や和菓子特有の原料事情からも影響を受けて起きている現象ではないのか。

本書は，こうした問題意識から出発し，和菓子企業の原料調達と地域回帰の実態を，社会科学の立場から，各種統計・資料の分析や団体・企業でのヒアリング調査をもとにしたケーススタディによって，実証的に明らかにしようとするものである。

第2節　本書の課題

和菓子製品は，ライフサイクルが長いことで知られる。その背景には，年中行事・儀礼での根強い消費があるとともに，和菓子製品特有の季節性・嗜好性・地域性がある。また，和菓子に具備される条件には，佳い風味，美しい形態，富んだ栄養の三要素があり（中村　1967，p.64），水分含量の多寡で，和菓子は，生菓子，半生菓子，干菓子に三分類される（早川　2013，p.11）。生ものを多く取り扱う和菓子企業の多くは，広域流通型ではなく，小規模零細で製造直販型の経営を特徴としている（藪　2007，pp.3-4）。

これまで，和菓子フードシステムの実態解明を志向した研究に，伊豫（1989），館野（1992），荒木（2013），小川ほか（2016）等がある。いずれも視座や方法は異なるが，経済主体の行動･相互関係または統計データの対比･突合に基づいて，主に川中・川下の構造分析を試みている。しかし，川上からの原料調達実態については，荒木（2013）のローカル・フードチェーン分析以外では解明が進んでいない。その点では，企業の農業参入の視点から和菓子企業での原料調達行動をいち早く解明した大仲（2011）・（2014），6次産業化の視点から和菓子原料の産地化の実態に接近した髙橋・大内（2014）は，本書の主題の先行的な研究に位置づけることができるが，地域回帰の要因や意義を分析するには至っていない。なお，橋爪（2017）によって近代以降の地域名菓の成立背景が明らかにされたことを受けて，和菓子と地域との関係性は歴史的にも密接であるといえる。地域回帰の現代的意義が問われている。森崎（2018）は，グローバル化や多様化する和菓子の価値を構造論的に分析し，地域性や地理的表示（GI）保護制度を踏まえて，多面的かつ意欲的に今後の和菓子の方向性を展望している。その内容からも，先般施行の「新たな原料原産地表示制度」等の政策動向を見据えて，地域回帰志向の実態を分析することが必要になっていると考えられる。

本書では，和菓子フードシステムに関連する定量的情報とそれを補完・実証する定性的情報の収集・分析に努め，以下の構成により，主題への接近を試みる。

第３節　本書の構成

本書は，以上のような問題意識と課題を踏まえ，「総論編」と「事例編」の二部構成で分析を進める。

総論編は，第１章・第２章・補論の三つの章で構成している。

第１章は，和菓子の特性を詳しく述べてから，経済産業省「工業統計」･「商業統計」，総務省「家計調査」･「人口統計」，農林水産省「作物統計」･「食料需給表」，財務省「貿易統計」等の公的統計資料や各種文献等を駆使して多角的に分析し，従来行われてこなかった和菓子の産業構造の解明に挑む。

第２章は，和菓子の主要な原料調達の特質と課題について，原料卸売企業でのヒアリングにより検証を試みる。原料卸売企業の側から，和菓子業界での原料ニーズや，原料調達の地域回帰志向の高まる実態を明らかにする。

補論は，和菓子業界を代表する立場から，栄養成分の表示義務を内容とする改正食品表示法（2015年４月１日施行）や原料原産地の表示義務を内容とする食品表示基準の一部を改正する内閣府令（2017年９月１日施行）といった和菓子業界を取り巻く最新の政策動向を踏まえ，地域回帰志向を含めた原料調達の新局面について論じる。

以上で明らかにした和菓子産業と原料調達の実態を踏まえて，次の事例編では，ケーススタディとして和菓子企業の地域回帰の実態調査・分析を行う。

事例編は，第３章・第４章・第５章・第６章の四つの章で構成している。

第３章では，和菓子企業の農業参入の展開過程，とくに原料生産の取り組み実態を中心とする分析を通じて，地域回帰の意義を明らかにする。自社内での原料調達やブランドコンセプト具現化の達成といった評価だけでなく，企業の農業参入が抱える現実を直視しながら，今後の和菓子企業による農業生産の課題をも指摘する。

第４章では，クリ菓子業者によるクリ生産への接近の実態について明らかにする。とくに，クリ菓子業者の地域農業への働きかけ，農家・JAとの連携による生産者の組織化，自社での農業生産法人の立ち上げ等の革新的な取り組みが地域へさまざまに波及し，新たな原料フードシステムの構築にも寄与する等の実態を浮き彫りにする。

第５章では，和菓子企業と原料生産を行う地域の生産者との連携実態を明らかにする。とくに，企業・JA・役場の三者連携による生産者の組織化の取り組みを，単に和菓子原料の産地化を目的とするのではなく，地域振興や多様な地域資源管理を含めた地域農業システムのなかに位置づけて論じる。

第６章では，以上の和菓子企業のケーススタディとは視点を変えて，地域での新たな取り組みである社会的企業の視点から，農業法人による和菓子製造とマーケティング戦略の実態を明らかにする。とくに，和菓子の原料生産・製造・販売を通じて，集落機能の維持や地域の和菓子文化の継承などに寄与する実態を分析する。

終章では，本書全体を総括し，和菓子企業の原料調達と地域回帰についての意義と今後の展望を述べる。

その他，本書中に収録した四つのコラムは，補論的な役割を果たしているとともに，最新のトピックスとして読めるよう工夫している。

なお，本書の初出論文は，以下のとおりである。ただし，いずれも大幅に加筆・修正を施している。

序　章　書き下ろし。

第１章　小川真如（2017）「水稲の飼料利用の展開構造」早稲田大学博士論文の補論部分の一部（詳細は同章末尾の付記を参照）。

第２章　佐藤奨平・髙橋みずき・竹島久美子（2018）「和菓子業界における原料調達の特質と課題―原料卸売企業S社からの接近―」『食品経済研究』第46号，pp.25-36。

補　論　書き下ろし。

第３章　書き下ろし。

第４章　書き下ろし。

第５章　書き下ろし。

第６章　小川真如（2017）「水稲の飼料利用の展開構造」早稲田大学博士論文の補論部分の一部（詳細は同章末尾の付記を参照）。

終　章　書き下ろし

参考文献

荒木一視（2013）「和菓子屋さんとローカルフード―伝統食品の製造販売にみる今日の広域食材・食品供給およびご当地性―」『研究論叢　第１部・第２部　人文科学・社会科学・自然科学』第62号，pp.19-35。
橋爪伸子（2017）『地域名菓の誕生』思文閣。
早川幸男（2013）『菓子入門（改訂第２版）』日本食糧新聞社（初版1997）。
伊豫軍記（1989）「和菓子産業における商工業組合の現状と課題」日本大学農獣医学部食品経済学科『食品経済の諸問題―学科名変更20周年記念論文集―』，pp.141-155。
森崎美穂子（2018）『和菓子　伝統と創造』水曜社。
中村孝也（1967）『和菓子の系譜』淡交社。
小川真如・竹島久美子・佐藤奨平（2016）「和菓子をめぐる産業構造と地域特性」『会誌食文化研究』第12号，pp.11-18。
大仲克俊（2011）「食品企業の農業参入の目的と経営戦略」『JC総研レポート』第20号，pp.38-45。
大仲克俊（2014）「株式会社たねやの農業参入―自社の企業コンセプトの根幹としての農業参入―」大仲克俊・安藤光義『企業の農業参入』筑波書房，pp.13-19。
髙橋みずき・大内雅利（2014）「地域農業の展開と農業・農村の６次産業化―長野県飯島町における農産加工事業を中心に―」『明治大学農学部研究報告』第63巻４号，pp.81-102。
館野貞俊（1992）「和菓子製造小売業」国民金融公庫総合研究所編『日本の加工食品小売業』中小企業リサーチセンター，pp.47-88。
藪光生（2007）「和菓子産業の現況」農畜産業振興機構『砂糖類情報』第124号，pp.3-7。

（佐藤奨平）

総論編

第1章

和菓子をめぐる産業構造

第1節　和菓子の多様性と本章の目的

今日「和菓子」と称するほとんどの菓子類が完成したのは江戸時代である。さらに，茶の湯の発展を背景に，地方にも菓子が普及して，庶民の楽しみのためのもち菓子，雑菓子類がみられるようになった（江原　2009）。和菓子は，日本で独自に発展してきた伝統的な食べ物であるが，「和菓子」という言葉自体は古いものではない。なぜならば，「和菓子」は，「洋菓子」に対応する呼称として使われるようになった言葉だからである。「和菓子」という言葉は，まだ生まれて100年ほどであり，それ以前の菓子類は，単に「菓子」と呼ばれていた（NHK「美の壺」制作班　2007）。「菓子」という言葉は，もともと果物や木の実を意味していたが，砂糖を加えた南蛮菓子の伝来を経て大きく発達したのである。

この「菓子」という言葉は，欧米には相当する広義の語がないということが特徴的である（明治屋　1936）。「cake」，「confectionery」，「chocolates」，「snacks」――など，菓子の一部を示す英単語はあるものの，これら総称する邦語「菓子」に該当する単語はない。近年では，「スウィーツ」という呼称も使われるが，「sweet」は，糖分が高い食べ物を指すため塩味系の菓子などは含まれない。普段，日本で何気なく使われている「菓子」という言葉には，多様な種類を包含しているのである。

「菓子」という言葉が指す対象は多様であるため，その対象物は，歴史性，保存性，製造方法，原料，目的などから分類できる。そして，「菓子」の範疇に含まれる「和菓子」も同様に，いろいろな切り口から分類できる。例えば，まず，保存性に着目して，食品中の水分活性（aw：water activity）を

表 1-1　「朝生」などの和菓子の名称と内容

名称	内容
朝生（菓子）	並生菓子のこと。水分が多く，作った当日に販売する。
中生（菓子）	並生菓子より日持ち，品質がよい。価格も高価。
上生（菓子）	季節感のある高級生菓子で，茶人向けと二通りある。
番中物	半生菓子で，日持ちの良い物。番は晩を表す。

資料：櫻井（2013）p.179 より引用。

基準にする場合がある。これは，微生物が利用できる水分の含量をパラメーターとすることで，保存性の程度で分類するという切り口である。食品衛生法では，水分含量30％以上のものが基本的に「生菓子」と呼ばれる。さらに一般的には，水分含量10％以下のものが「干菓子」，水分含量10〜30％のものが「半生菓子」と分類されて呼ばれている。このような保存性の切り口からの分類した際の名称は唯一ではなく，「朝生」などの分類もある（**表1-1**）。このほか，製法や用途別にみて，「蒸しもの」や「米菓」，冠婚葬祭用の「引菓子」や観賞用の「工芸菓子」というような分類もできる。例として，早川(2013）による分類を**表1-2**，**表1-3**に示した。

「和菓子」はその多様さゆえに，「洋菓子」との確固とした線引きも難しい。「和菓子の原材料や製造用語の分類は大変難しく，いまだ定義らしいものがないのが現状」(虎屋文庫　1998，p.7）なのである。さらに，和菓子の多くについては，外国菓子との関連で発達してきたという歴史的過程が見逃せない。砂糖を加えた南蛮菓子や輸入原料と接触することは，和菓子職人や企業者にとって新たな和菓子を生み出す創造力の涵養に効果を与えてきた。例えば，高橋（2012）は，和菓子と外国菓子の類似性に着目して，交易などを通じた菓子づくりの相互交流について思いを馳せているほか，和洋折衷菓子として「あんパン」「タルト」，融合和菓子（フュージョンWAGASHI）としてクリスマス等の外来文化の行事での和菓子を生かした菓子づくりを，それぞれ紹介している。

本書第３章以降で取り上げられる事例には，和菓子の製造小売りを出発点としながらも，洋菓子の製造・販売にも取り組む企業がある。そして，和菓

表 1-2　水分含量と製法の違いによる和菓子の区分

区分の方法			主な製品
水分含量	製法		
生菓子	もちもの		おはぎ，大福，あんころもち，草餅，柏餅，すあま
	蒸しもの		蒸しまんじゅう，蒸しようかん，ういろう
	焼きもの	平なべもの	どら焼き，桜餅，中花，金つば，つやぶくさ，唐まんじゅう
		オーブンもの	まんじゅう，げっぺい，桃山，カステラ
	流しもの		きんぎょく，ようかん，水ようかん
	練りもの		練りきり，こなし，ぎゅうひ，雲平
	揚げもの		あんドーナツ，揚げげっぺい
半生菓子	あんもの		石衣
	おかもの		もなか，すはま
	焼きもの	平なべもの	草紙
		オーブンもの	桃山，黄味雲平
	流しもの		きんぎょく，ようかん
	練りもの		ぎゅうひ（各種そぼろ種を応用したもの）
	砂糖漬けもの		甘納豆，文旦漬
干菓子	打ちもの		落がん，片くりもの，雲きん種，懐中しるこ
	押しもの		塩がま，むらさめ
	掛けもの		おめでとう，おこし，ごかぼう
	焼きもの		丸ボーロ，卵松葉，小麦せんべい，中華風クッキー
	あめもの		有平糖，おきなあめ
	揚げもの		かりんとう，揚げ豆，揚げ米菓，揚げ芋，新生あられ
	豆菓子		炒り豆，おのろけ豆
	米菓		あられ，せんべい

資料：早川（2013）pp.11-16 などに基づき筆者作表。

表 1-3　用途の違いによる和菓子の区分

名称	用途
並生菓子	日常の茶うけ菓子として親しまれているもの。もちもの，蒸しもの，平鍋もの，おかものなど。
上生菓子	上等で高価な生菓子類。こなしを含む練りきり類，ういろうや雪平を含むぎゅうひ類，特殊な蒸しものなど。
茶席菓子	茶会に用いる菓子類。濃い茶には，主菓子として生菓子，薄い茶には，添え菓子として干菓子を用いる。
式または引菓子	慶・弔諸事の引き出物に供される菓子類。
まき（蒔）菓子	舞踊，長唄，清元，小唄，琴などの発表会で招待客に土産品として贈呈する菓子類。
工芸菓子	鑑賞用の菓子。すべて食用可能な菓子用生地や製菓材料だけを使用して作る。高度な技術を駆使し，山水花鳥風月などを写実的に芸術性豊かに表現する。

資料：早川（2013）pp.45-47 に基づき筆者作表。

子と洋菓子を融合した新たな製品がつくられるケースもある。

本節で述べたように，「和菓子」には多様な切り口があり，ここではそのすべてを検証する紙幅はない。また，「和菓子」のみを網羅的に取り扱った統計資料はない。さらに，農業生産と密接な関係を築いている事例もあるほか，統計データを構成する個々の和菓子企業の経営状況がすべて優良とは限らない。そして何より，少人数の家族経営が多いことや，個々の事業体の多様性を踏まえれば，和菓子企業を十把一絡げに扱うことは避けるべきであり，一概に和菓子産業の現状を析出・提示することは非常に困難である。

とはいえ，和菓子産業全体の大まかな実態や動向を整理することは，和菓子産業の将来を見据えたり，個別事例の特徴を浮き彫りとしたりする上で，それらの一助として有効であろう。そこで，ここでは，次節で示す切り口に着目して，各種統計資料に基づきながら，和菓子をめぐる産業構造の特徴を明らかにする。

第２節　本章での「和菓子」に対する視座と分析方法

和菓子をめぐる産業構造に接近する前に，まず菓子全般の市場の状況を整理する。

菓子業界では，メーカーによるブランド（ナショナルブランド）に加えて，卸売業者によるブランド（プライベートブランド）や製造業者や卸売業者が大手量販店に提案するブランド（ストアブランド）も増えているほか，菓子卸売の業界再編（松原　2007）もあり，菓子市場の多層化が進んでいる。菓子業界の動態や個々の事業体の多様性を踏まえると，実態の詳細な把握は，きわめて難解である。ここではまず，統計資料を用いて，市場規模と菓子流通の簡易的な流通のフローを**図1-1**に示した。それぞれの統計資料では「菓子」の定義が少しずつ違うため，市場規模は概数である。まず，菓子産業の市場規模は，国内菓子製造でみると３兆3,670億円である。これは，国内食料品製造全体（従業者４人以上の事業所）の14％を占める規模である。そして，菓子は流通過程から２種類に大別できる。製造企業から卸，小売業を通じて消費者に販売される流通菓子と，街で見かけるような製造・小売りされる菓子である。品目ベースの市場規模でみれば，菓子小売業（製造なし）が２兆5,368億円，菓子製造小売業が7,671億円である。

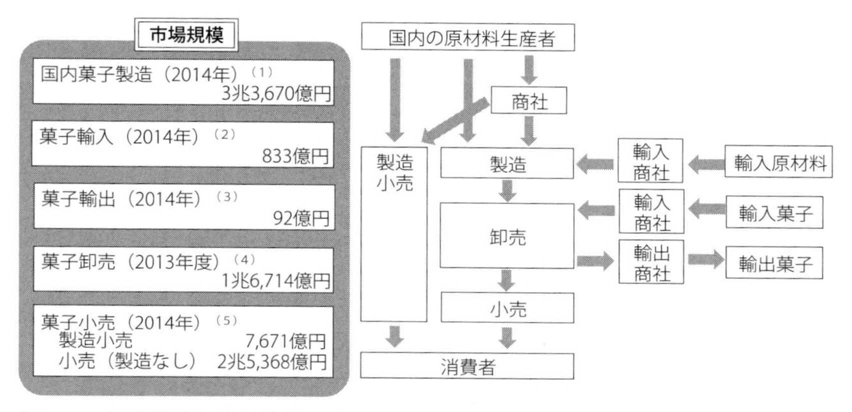

図1-1　市場規模と菓子流通

資料：筆者作成。

注：1）経済産業省「2014年工業統計表：品目編」（従業者４人以上の事業所）の「洋生菓子」「和生菓子」「ビスケット類，干菓子」「米菓」「あめ菓子」「チョコレート類」「その他の菓子」の出荷金額を合計した。

2）財務省「貿易統計」より，チューインガム（加糖・無糖），キャンディ類，キャラメル，その他の砂糖菓子，チョコレート菓子，ビスケット（加糖・無糖），ワッフル・ウエハー，クリスプブレッド，ジンジャーブレッド，ラスク，その他パン・乾パン類，ペーストリー，ケーキ，その他ベーカリー製品，米菓，成型ポテトチップス—の輸入金額（CIF価格：保険料・運賃込み価格）を合計した。

3）本図の注２にあげた品目の輸出金額（FOB価格：本船渡し価格）を合計した。

4）（株）流通企画「加工食品・菓子卸売業年鑑　2015年版」より引用した。全国菓子卸売商業組合連合会加盟企業を中心に，主に流通菓子を取り扱う年商６億円以上の企業208社の県別売上高の集計結果などに基づいて算出された数値である。

5）経済産業省「2014年商業統計表：品目編」の年間商品販売額より引用した。

図1-2は，これらの業種別にみた事業所数と年間商品販売額の推移である。かつて，菓子製造小売業の事業所数は，菓子小売業（製造なし）よりも少なかった。しかし，菓子小売業（製造なし）の事業所数の減少が著しいのに対して，菓子製造小売業は事業所数の減少幅が小さく，商業統計の2002年調査以降は，菓子製造小売業が上回るほか，年間商品販売額も菓子小売業（製造なし）を上回る年がみられるようになった。

このように，菓子小売業の事業所数でみれば，製造を行わない菓子小売業と比較して，製造小売業が減少傾向に耐えている頑強性がある。そして，製造小売業が占めるウェイトは高まっている。それでは，製造小売でない菓子

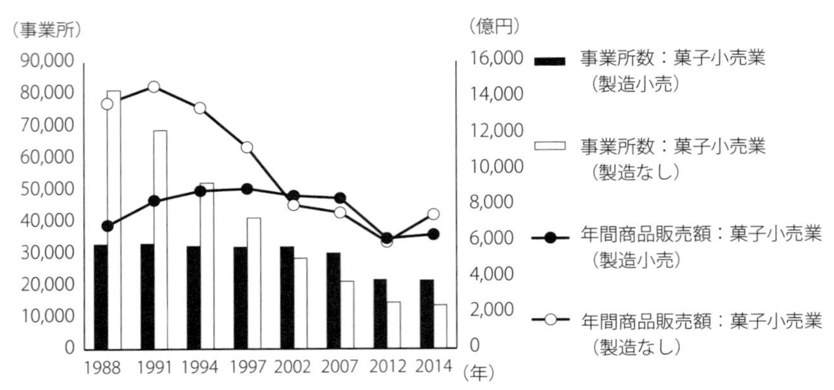

図1-2　菓子製造小売業と菓子小売業（製造なし）の事業所数・年間商品販売額の推移

資料：経済産業省「商業統計：産業編」より筆者作成。
注：調査の実施周期の変更にともない，横軸（年）が一定の間隔でないことに注意されたい。

小売が扱う流通菓子の市場全体が縮小したかといえば，そうではない。次に，このことを，流通チャネルの概況から確認しておこう。

㈱流通企画「加工食品・菓子卸売業年鑑　2015年版」によれば，2013年度の菓子卸売業の市場規模（売上高ベース）は，１兆9,195億円である。菓子卸売業では，一般食品，飲料，冷菓なども扱うが，これらを除いた菓子市場のみでみても，その市場規模は１兆6,714億円に及んでいる。そして，菓子卸売業の販売先別市場規模（シェア）は，売上高ベース（2013年度）でみると，スーパーが7,297億円（38.0%），コンビニエンスストア5,433億円（28.3%），２次店卸1,782億円（9.3%），菓子小売店1,371億円（7.1%），その他3,312億円（17.3%）であった。スーパーやコンビニエンスストアといった流通チャネルは，６割以上と高い構成比である一方で，菓子小売店は１割に満たない状況になっている。

このように，スーパーやコンビニエンスストアが流通菓子の流通で大きな役割を果たしている傾向は，和菓子のうち流通菓子であるものについても当てはまる。㈱矢野経済研究所「2016～17年版菓子産業年鑑：和・洋菓子・デザート編」によれば，和洋菓子・デザート類の流通チャネル別にみた出荷金額ベース（2015年度）の市場規模（シェア）は，量販店・スーパーが8,020億円（36.1％），コンビニエンスストアが5,154億円（23.2％），百貨店が4,043億円（18.2％），専門店・路面店が1,911億円（8.6％），駅関連が711億円（3.2％），空港が711億円（3.2％），通販が422億円（1.9％），その他が1,244億円（5.6％）であった。量販店・スーパーやコンビニエンスストアといった一般流通チャネルの構成割合は，近年，高まる傾向である。とくに和菓子では，スーパーやコンビニエンスストアが購入先として堅調で，流通系和菓子市場の拡大に寄与している。和菓子を含めて流通菓子については，菓子小売店よりも，スーパーやコンビニエンスアが消費者の日常的な需要に応える身近な流通チャネルとして存在感が増している。

表 1-4　経営形態・従業員数規模別にみた菓子製造小売業の事業所数

経営形態	法人経営	8,709
	個人経営	12,924
	個人経営の割合	60%
従業員規模	2 人以下	8,671
	3〜4 人	6,316
	5〜9 人	4,412
	10〜19 人	1,698
	20〜29 人	309
	30〜49 人	163
	50〜99 人	50
	100 人以上	14
	9 人以下の割合	90%
総数		21,633

資料：経済産業省「商業統計」（2014 年）より筆者作成。

他方，製造小売の菓子に関しては，先述したような事業所数の減少幅の小ささのほかに，どのような特徴があるであろうか。**表1-4**は，菓子製造小売業の事業所数を経営形態や従業員数規模別に示したものである。21,633事業所（2014年）のうち，個人経営が６割，従業員９人以下が９割を占めていることからわかるように，菓子製造小売業は零細な産業構造である。さらに立地環境特性別にみた事業所数を**表1-5**に示した。商店街や駅前などの商業集積地区や，住宅地区で事業所数が多い。また，すべての地区で個人経営が法人経営を上回っており，その他の地区で顕著である。その他の地区には，市街化調整区域をはじめ田園地帯が含まれる。こうした農業・農村により近い地域で個別経営による菓子製造小売業の事業所数が多いと考えられる。このほか，手土産品としての需要が考えられるオフィス街地区でも，個人経営の事業所数が法人経営の1.4倍と多く存在する傾向がみてとれる。

表 1-5　立地環境特性別にみた事業所数

	法人経営	個人経営
商業集積地区[1)]	4,613	5,041
オフィス街地区[2)]	1,025	1,450
住宅地区[3)]	1,836	3,622
工業地区[4)]	378	468
その他の地区[5)]	857	2,343

資料：経済産業省「商業統計」（2014 年）より筆者作成。
注：1）主に都市計画法８条の定める「用途地域」のうち，商業地域および近隣商業地域であって，商店街を形成している地区をいう。
2）主に都市計画法８条の定める「用途地域」のうち，商業地域および近隣商業地域であって，「商業集積地区」の対象とならない地区をいう。
3）主に都市計画法８条の定める「用途地域」のうち，第一種・第二種低層住居専用地域，第一種・第二種中高層住宅専用地域，第一種・第二種住居地域及び準住居地域をいう。
4）主に都市計画法８条の定める「用途地域」のうち，工業専用地域，準工業地域および工業地域をいう。
5）都市計画法７条の定める市街化調整区域および「商業集積地区」「オフィス街地区」「住宅地区」「工業地区」の区分に統制づけされない地域をいう。

それでは，菓子製造小売のうち和菓子の状況はどうであろうか。経済産業省「商業統計」で示される菓子製造小売業は，「菓子」で一括りにされて把握されており，ケーキ屋のような洋菓子などの製造小売も含まれている。このため，和菓子企業による製造小売という業態について，商業統計からは詳細が明らかにできない。

和生菓子業者の親睦や業界の振興発展を目的とした同業者の集まりで，消費者を対象とする講演会などの事業を展開する全国和菓子協会（設立時，全国生菓子協会）への聞き取り調査によれば，少人数の家族経営も含めて，和生菓子の製造小売企業だけでみても事業所数は約35,000にも及ぶ。そして，和生菓子業界は少人数の家族経営や中小零細企業が大宗を占め，技能を重んじる職人の世界であることも背景に，体系的かつ詳細な業界統計の整備・把握はきわめて困難であるとされる。

和生菓子業界では，零細性がきわめて強く，かつ，製造小売企業が圧倒的に多い構造である。これに関して藪（2007）は，和生菓子の製造小売企業の95％が従業員数10人未満と指摘し，零細企業と大企業との売上高構成比は，50％ずつ程度ではないかと推察している。このように零細な製造小売の業態が多い理由として，藪（2007）は，①地域密着型の経営によって安定した業績を保っている，②販売商品は流通菓子のような展開がしにくい生ものが多いため，それぞれの店がその規模に応じた地域固定客をつかんでいる，③歴史ある企業が多く，独自の売れ筋商品を育てたり，各店が個性化したりすることによって，安定的な客筋をつかんできた，④零細性は強いが土地建物を自己所有する企業が多いなど，資産状態がよく経営基盤が安定している——という点を指摘した。

藪（2007）は，上記の４つの理由について，それらの因果関係については，十分に言及していない。とはいえ，それぞれの和菓子企業が所在する地域とのつながりや，生菓子の場合，広域流通に比較的不向きであるという商品特性が，零細な和菓子企業の頑強性に影響していると考えられる。したがって，和生菓子企業と地域とのつながりや，保存性が劣る和生菓子を中心に着目して分析していくことは，和菓子をめぐる産業構造の特性を明らかにする上で重要なアプローチであるといえる。

続いて，具体的な分析枠組みを検討していこう。

まず，和菓子と地域の関わりとは，どんなものが考えられるだろうか。藪（2006）によれば，和菓子は，経営者や職人の自由な発想から生まれるため，自ずと地域特性や時代背景，季節感，文化などが関与する。また，ローカル色を企業戦略として打ち出す和菓子企業が多いことも知られてきた（矢野経済研究所　1979）。さらに，大家ら（1985）による調査では，和菓子を食べる人がもつ和菓子の概念イメージの因子に，「郷愁性」が含まれることが指摘された。このような和菓子と地域との文化的つながりや連想に関連して，近年では，和菓子を地域資源として町づくりや食文化教育に活用することへの評価も，具体的な事例をもとに進められている（例えば，鈴木裕範（2010），村上（2014）など）。

具体的な事例が話題となる一方で，和菓子と地域とのつながりに関する一般的な傾向について，先行研究では十分に明らかになっていない。その背景には，まず，和菓子産業が単に各地域の特色に応じた展開のみならず，社会や生活様式の変化にも影響を受けて展開してきたという点がある。例えば，和菓子産業には，国内のインフラ整備に応じた和菓子製造企業の経営戦略や，観光資源を生かした土産物製造小売として発達した側面もある（鈴木勇一朗（2010），橋爪（2012）など）。さらに，前述したように，和菓子は日本独自の食文化であり，地小豆など地場産原料を使って普段のおやつとして食べられてきたものが和菓子として発展したケースや，国外の菓子や輸入原料に影響を受けて発展したケースもある。このため，和菓子と地域との結びつきに関して，地場産や国産の原料の活用という接点は，一概に強いとはいい切れないのである。この背景には，品質を優先して原料を調達してきた和菓子企業の行動実態（矢野経済研究所　1979）もある。嗜好品である和菓子の原料には，良質であることが重要であるため，地場産の食材が必ず適しているとは限らない。また，地場産原料，あるいは国産原料を使おうにも，必要量が十分に確保できるとは限らない。長谷川（2010）が指摘するように，地域産業の活性化方策で，地域の食材を活用するケースが一般的に多いこととは対照的に，和菓子産業では食材を通じた地域とのつながりは必ずしも活発ではないのである。また，日本人の美意識の反映や，茶室など空間との関わりを通じた食文化としての特徴もあるだろう。

産業構造の解明を目指す本章では，まず，原料生産状況について着目する。和菓子の原料の調達先は，輸入農産物が多く，かつて国内生産が主であったくず粉やわらび粉，寒天などでも輸入依存の傾向が強まってきた。他方で，限られた原料を確保するため，農業者と栽培契約を結ぶ事例も知られている。例えば，津山名菓の初雪は現在，材料米の調達が困難なため大量生産できない（橋爪　2012）。米の品種が初雪の質を規定するため，契約農家で自家育種された米を使用しているためである。こうした事例の場合，原料生産者たる農業者の農業経営の持続性や展開可能性が，和菓子生産の継続や生産拡大を左右する要因であると考えられる。近年では，2015年に全国和菓子協会が和菓子店と農業者の交流会を初めて開催するなど，安定的な需給関係の再構築を目指す動向もみられている。

本章では，和菓子の代表的な原料として，米，小豆，砂糖，寒天を取り上げる。さらに，食べられない原料も取り上げる。和菓子では，ちまきを包む竹の皮なども重要な構成要素である。本章では柏の葉を取り上げる。全国的に分布する和菓子である柏もちに使われる原料である。西日本では柏の葉が小さく，もちを包めないことからサルトリイバラ（山帰来）が代用されているため，サルトリイバラの輸入状況も取り上げる。

これらの生産状況や輸入状況は，農業生産や食品流通に関する現行制度にも触れながら，農林水産省「作物統計」や財務省「貿易統計」などを基に分析する。

このほか，本章で取り上げない和菓子の代表的な原料の一つにクリがある。クリについては，本書の第４章，第５章や元木（2015）などを参照されたい。

次に，製造企業の動態を分析する。前述の通り，小売の面から分析する上で頼りとなる経済産業省「商業統計」は，菓子が細分化されていない。そこで，小売ではなく製造の面に着目する。例えば，2014年の経済産業省「工業統計：品目編」によれば，従業者４人以上の事業所について，「和生菓子」の産出事業所数は2,332事業所である。これは全1,786工業品目のなかで，くず・廃物・副産物品目を除けば，７番目に多い事業所数となっている。和菓子は，日本の代表的な菓子として古くから親しまれてきただけでなく，地域産業としても代表的な位置を占めているのである。

経済産業省「工業統計」による菓子の分類は，**図1-3**に示した通りである。和菓子は多品目に分類されているため，「干菓子」や「その他の菓子」などでは，洋菓子と一緒くたに把握されている和菓子商品もある。本章では保存性が比較的劣る「和生菓子」に着目する。比較対象は，「洋生菓子」と「米菓」とする。洋菓子は「和菓子」という言葉の発生をもたらした重要な比較対象であり，また，「米菓」は**表1-2**に示したように水分含量が少ない和菓子であるとともに，経済産業省「工業統計」でも区分があるため，分析可能なデータを得ることができる。さらに，和菓子の代表的な原料である米を使用するため，「和生菓子」と「米菓」との比較によって，より一般的な産業構造

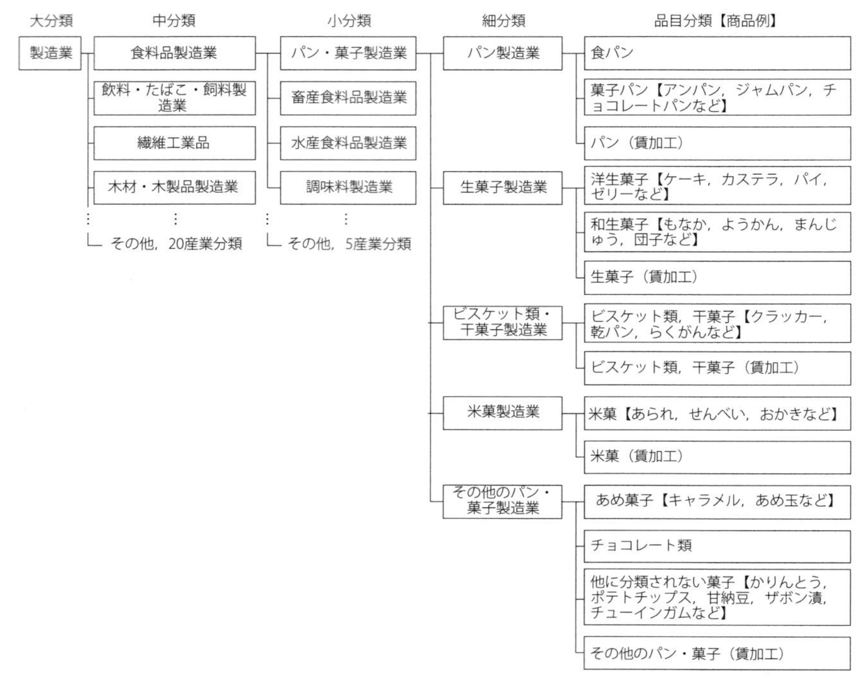

図1-3　経済産業省「工業統計：品目編」におけるパン菓子製造業の食品分類

資料：経済産業省「工業統計調査用産業分類及び商品分類の改定について」（2017年1月），同「2014年工業統計商品分類表」に基づき筆者作成。

の特徴を析出できると期待される。

和菓子製造企業の産業構造を明らかにする上で，具体的には，和生菓子製造企業の出荷金額や従業員数別にみた規模の動態に着目する。さらに，藪(2007) が指摘したような保存性が劣る和生菓子と，零細性の強さの関係性についても検証して，地域特性について考察する。

なお，労働力の状況に関して，従業員数別の規模に着目するものの，詳しくは分析しない。もっとも，代表的な地域産業である和菓子製造企業による雇用が地域社会に与える影響は，無視できない。とくに，和菓子製造企業は女性の就労が多いことも知られており，コラム（pp.57-58）を参照されたい。

最後に，菓子の国内消費について，総務省「家計調査」から和菓子の消費

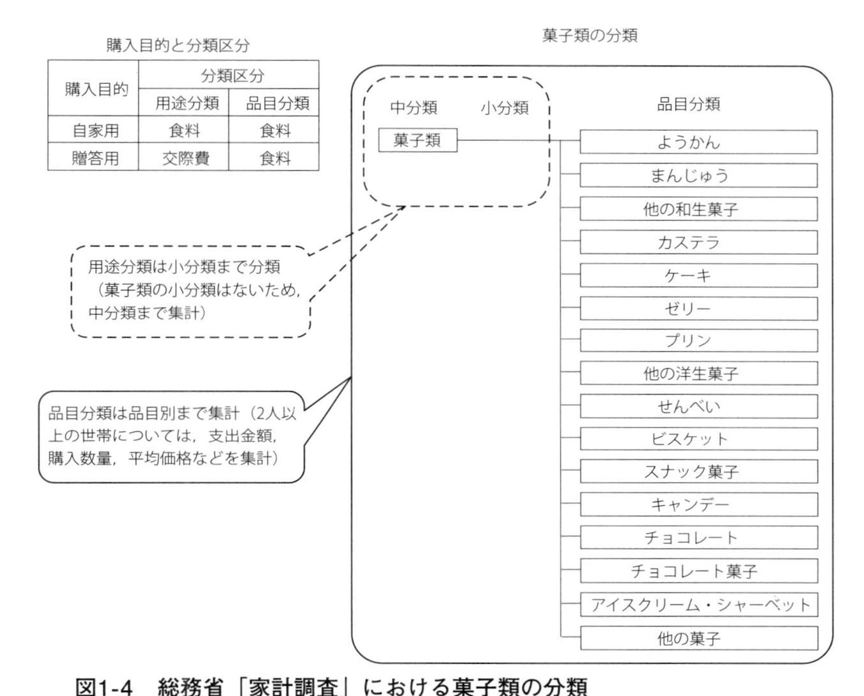

図1-4　総務省「家計調査」における菓子類の分類

資料：総務省「家計調査家計収支編収支項目分類一覧（2010年１月～）」に基づき筆者作成。

の面から分析を行う。総務省「家計調査」による菓子の分類は，**図1-4**に示した通りである。注意すべきは，同じ菓子を買っても購入目的によって用途分類が異なる点である。また，用途分類は中分類「菓子類」までの集計で，品目分類は品目別まで集計されている。用途分類のデータを用いると，贈答用に購入した菓子と，自家用の菓子の違い，つまり，菓子の購入額と消費額の差異を明らかにすることができる。一方で，用途分類のデータからは，和菓子や特定の品目のデータを取り出すことはできない。

和菓子に着目するには，品目分類のデータを使うべきであるが，地域別にみて購入額と消費額との差異のばらつきが大きいことも想定される。家計調査は，都道府県単位での集計がなく，「都市階級別」，「地方別」，「都道府県庁所在市及び政令指定都市」——という地域区分で集計されている。そこで，都道府県庁所在地における２人以上の世帯の菓子に対する年間支出金額（１カ月当たり金額×12カ月）に着目すると，2014年では，全国的に同様の傾向がみられた（回帰直線式：消費額＝0.7073×購入額＋4805.3，決定係数0.88）。本章では，菓子の購入額と消費額との間には，各地域で共通した相関がみられると仮定した上で，品目分類のデータを用いて分析を進める。

実際には，和菓子と洋菓子，あるいは品目ごとに，贈答用として好まれやすい菓子と，自家用として好まれやすい菓子という傾向があると考えられるが，統計データの限界から，本章ではそこまで立ち入らない。本章は，総務省「家計調査」の「品目分類」のデータを用いて，家計における購入動向を，消費者の特性を析出するほか，他品目との比較を行いながら地域特性を分析する。品目は，ようかん，まんじゅう，その他の和生菓子の合計と，せんべいに着目する。

もちろん，これらの品目は，経済産業省「工業統計：品目編」によって分類される「和生菓子」や「米菓」と一致するものではないため，データをそのまま接続することはできない。しかし，各統計データは，保存性が比較的劣る和菓子や，保存性が比較的優れる和菓子をめぐる実態の一面を，それぞれ表していると考えられる。なお，カステラは，代表的な和菓子の一つであるが，統計上はケーキなどとともに洋生菓子に分類されているため，本章では便宜上，洋生菓子に分類されるものとして分析を進めていく。

以上に示したように分析対象を限定した上で，次節から，①和菓子原料の生産，②和菓子製造企業の規模，③和菓子の国内消費——という切り口から分析を進める。各分析では，原料の生産，和生菓子の製造・消費という流れについて地域性に着目しており，得られた知見を第６節で総括し，和菓子をめぐる産業構造の特徴を考察する。

第３節　和菓子の原料の生産地域

1）米

日本では米を頂点とする食事体系の一環に菓子が含まれ，菓子への米の多用がみられる（原田　2004）。米は，米粒のまま用いられたり，米粉に粉砕してから用いられたりする。米粉は種類が豊富で，上新粉やしんびき粉などがある。この豊富さの理由は，米の種類（うるち米，またはもち米）の違いや，粉砕する前に加熱する糊化成品か，未加熱の生粉製品かという加工方法によって，粘度や，ゲルのテクスチャーを変化させることができるためである。和菓子の種類ごとに米粉の種類を使い分けることは，特有の美しい形や，滑らかな触感や風味等の表現に直結しており，和菓子のおいしさを左右する重要な働きをもっている（藪　2006，高橋　2012，早川　2013）。

さらに詳しく，原料としての米に着目していこう。まず，米は，日本で食料自給率が最も高い品目である。2016年度の米の食料自給率（重量ベース）は，97％であり，このうち主食用米では100％であった。それでは，私たちがごはんなどで食べている国産米と同等の米が和菓子の原料であるかといえば，必ずしもそうではない。米菓用などの加工原材用米穀は，主食用米よりも低価格帯で取引されるものが少なくないからである。

2014年11月から１年間の加工原料米穀の用途別使用状況を**表1-6**に示した。和菓子用という分類はないが，米菓や米穀粉（米粉）が加工原料用米の仕向先として，うるち米の27％，もち米の47％を占めている。

そして，うるち米では，清酒用や加工米飯用とは異なり，国産米比率が低い特徴がある。この特徴は，米菓産業の動向に大きく左右されており，米粒のまま使うような和生菓子の場合には，製造・小売りを中心として，風味を大切にするため国産米が一般的に使われている。

また，もち米は，うるち米と比較して米菓・米穀粉用のみでみれば国産米比率が高いものの，同じくもち米を使用する他の用途と比較すると国産米比

表 1-6　加工原料用米穀の使用状況（2014 年 11 月～2015 年 10 月）

（単位：万 t）

うるち米

用途	制度上の位置付け						計 ⑧	国産米比率 （④＋⑤＋⑥＋⑦）/⑧×100%
	主食用米 ④	加工用米 ⑤	米粉用米 ⑥	特定米穀 ⑦	MA 米	輸入米粉調製品		
米菓　①	1	2		7	2	1	13	77%
米穀粉　②		1	2	2	2	1	8	63%
清酒	12	10		3			25	100%
加工米飯	5	5					10	100%
味噌		1		7	1		9	89%
焼酎		1		5	2		8	75%
その他	1			2	1		4	75%
計　③	18	22	2	24	9	2	77	86%
米菓・米穀粉用比率 （①＋②）／③×100%	6%	14%	100%	38%	44%	100%	27%	

もち米

用途	制度上の位置付け						計 ⑯	国産米比率 （⑫＋⑬＋⑭＋⑮）／⑯×100%
	主食用米 ⑫	加工用米 ⑬	米粉用米 ⑭	特定米穀 ⑮	MA 米	輸入米粉調製品		
米菓　⑨	2	1		1	1	2	6	67%
米穀粉　⑩	1					1	3	33%
包装もち	3	2				2	7	71%
加工米飯	1						1	100%
その他						1	2	0%
計　⑪	7	4		1	1	6	19	63%
米菓・米穀粉用比率 （⑨＋⑩）／⑪×100%	43%	25%	—	100%	100%	50%	47%	

資料：農林水産省「米に関するマンスリーレポート」（2017 年８月号）p.38 の表を一部改変して筆者作成。
注：1）用途の「その他」には，玄米茶用，みりん用，朝食シリアル用などがある。
　　2）制度上の位置づけの詳細は資料を参照されたい。特定米穀とは，主食用として出荷される際のふるい目（1.7mm）と，農家が出荷時に使うふるいの目の間の「ふるい下米」（1.75～1.9mm）と，1.7mm 未満の小粒の米（いわゆる「くず米」）の総称。
　　3）推定量である（空欄は資料まま）。
　　4）ラウンドの関係で合計と内訳が一致しない場合がある。

率が低い。

米の制度上の位置づけ別にみると，うるち米では，国産米のくず米など（**表 1-6**中の「特定米穀」）が多く使用されている。なお，制度上の位置づけで「米粉用米」とは，パン用・めん用など主に小麦の代替としての需要拡大が推進されている米であり，「米粉用」という名称ではあるが，米菓用への仕向量は少ない。

輸入米であるMA（minimum access）米は，アメリカ産およびタイ産で，とくにもち米ではタイ産が主流である。また，外国産米に由来する輸入米粉調製品は，米粉に砂糖やでん粉を混入したもので，米粉の含有量が85%以下のものは，1962年に輸入が自由化された。米菓や米粉調製品の輸入は，円高を背景に1985年以降急増してきた（吉田　1989）。1991年までは２万t程度で推移した後，国産米の需給ひっ迫や為替レートの上昇，1993年の米の大不作による加工原料用米の不足などによって増加して，1990年代半ばからは概ね10万t程度前後で推移してきた。

米粉調製品は，米粒の輸入と同様にタイ産が多く，次いで，アメリカ産と中国産がメーンで，これら３国で輸入米粉調製品のうち99%を占める。農林水産省「第３回生産調整に関する研究会提出資料」(2002年３月）では米粉調製品について，主に和菓子企業によって使用されており，うるち米粉（加糖）は団子や柏もち，うるち米（無糖）は米菓，もち米粉（加糖）は大福など，もち米粉（無糖）は切りもちなどに，それぞれ用いられているとしている。この農林水産省資料のいう和菓子とは，米菓や流通菓子も含んでいる。製造販売する者の顔がみえる製造小売の和生菓子では，品質にこだわらざるを得ないため，米粉調製品は一般的に使われていない。

表1-6の内容を発展させて，原料の米が和菓子に至る生産・流通状況をまとめて**図1-5**に示した。実際には，作柄や為替の変動，政府備蓄米の放出の有無・放出量などに影響を受けるため，概況として整理した。米穀粉用は，製パン用やてんぷら粉など和菓子以外に使われている量が不詳であるため，**図1-5**では「x」と記載した。もっとも，米粉製品の多くは，上新粉や菓子種など，和菓子に使われてきたことについては，渡辺・高橋（1998）や竹生（1995）からも推察できる。**図1-5**では和菓子に使われる米の量を年間（30－x）万tと記しているが，実際には米菓用と米穀粉用の合計30万tのうち，ほぼすべてが米菓を含む和菓子に使われているとみてよいであろう。

図1-5からは，米菓用と米穀粉用ともに，国産米のうるち米が主要な原料米であるといえる。さらに，国産米のうるち米では，主食用米のふるい下米

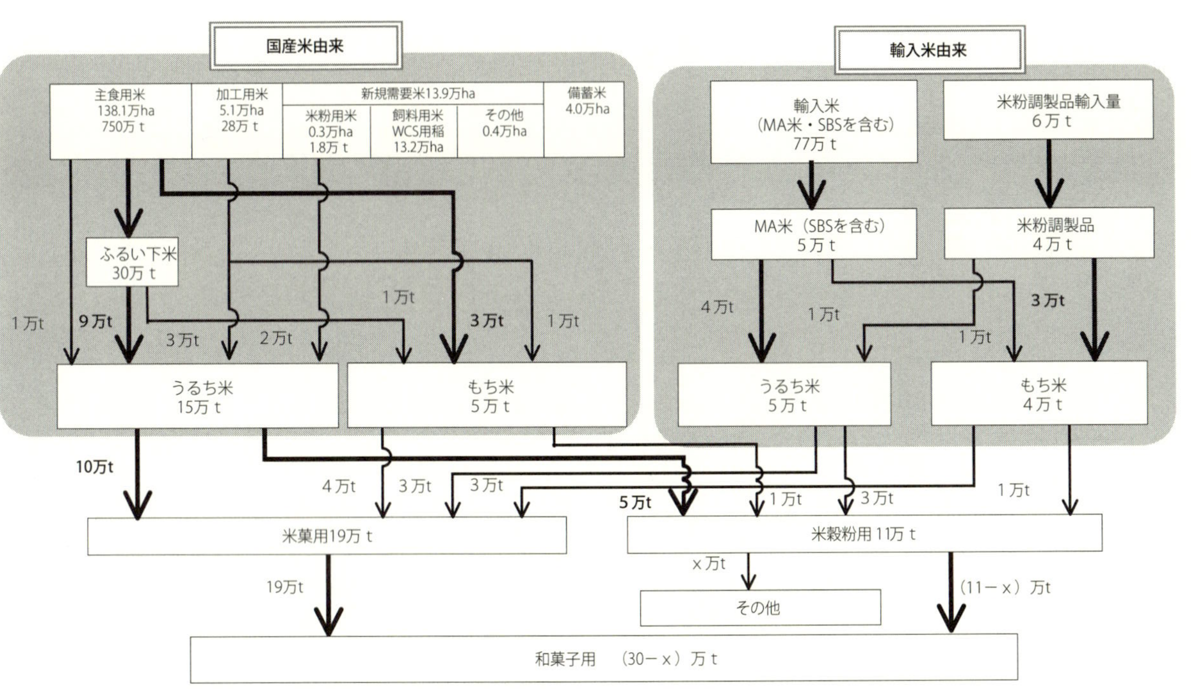

図1-5　米菓・米穀粉用に至る米の流通状況（2016年度）

資料：農林水産省「米に関するマンスリーレポート」（2017年８月号），財務省「貿易統計」を参考に筆者作成。

注：1）数値は概算であり，ラウンドの関係で合計と内訳が一致しない場合がある。
2）資料の農林水産省（2017）を参考に，重量については米と米粉調製品とを簡易的に合算している。
3）各項目に至る経路のうち，最も重量が重い経路の矢印を太くした。
4）ふるい下米は，近年の発生割合を参考に算出した。

利用が過半を占めている。ふるい下でない主食用米の利用は，うるち米では１万tにすぎないのに対して，もち米では３万tと多い。もち米は，個別に流通するケースも多いが，集荷数量でみれば北海道，佐賀県，岩手県，新潟県，熊本県が主要な生産県であり，米穀安定供給確保支援機構もち米事業部のデータによれば，これら５道県で全国の集荷数量の約８割を占めている。もち米の場合は，需要に応じて専用につくられたものが多く，産地が集中しているという国内産米の盛んな利用という特徴もあり，輸入米粉調製品の盛んな利用と，二極化している傾向がある。

輸入米由来では，うるち米の場合はMA米（SBSを含む），もち米の場合は米粉調製品がそれぞれ主な経路となっている。用途別でみれば，米菓用19万tのうち国産米由来は13万tと約７割を占め，そのうち10万tがうるち米である。また，米穀粉用11万tのうち国産米由来が約６割を占めている。

国産米に関しては，**図1-5**に示したように，主食用米や加工用米以外の水稲生産の影響もうける。例えば，飼料用米などの新規需要米の生産に対する補助金の増加によって，加工用米生産に対する助成（20,000円/10a）と飼料用米の生産に対する助成（55,000円～105,000円/10a）に格差が発生している。また，飼料用米などは用途限定米と呼ばれ，ふるい下米も含めて用途外に流通できない。このため，農家が主食用米から飼料用米に作付け転換した場合，主食用米のふるい下米の供給量減少も懸念される。近年では，加工用米の供給不足の懸念を背景とした価格変動（2011年うるち米160円/kg，2012年うるち米220円/kg）がみられている。

新規需要米と加工用米の生産動向について，全国と非主食用米生産が多い３県の動向を**図1-6**に示した。加工用米の生産が減少・停滞する一方で，新規需要米の生産が増加する傾向がみられる。ただし，その動態は毎年一様ではなく，生産動向の見通しは不透明であるといえる。実際，2016年４月の農林水産省「米に関するマンスリーレポート」では，米生産者に対して，配合飼料４団体は「飼料用米生産拡大」を呼びかけ，他方，全国加工用米需要者団体協議会は「加工用米生産拡大」を呼びかけるという異例の声明が出され

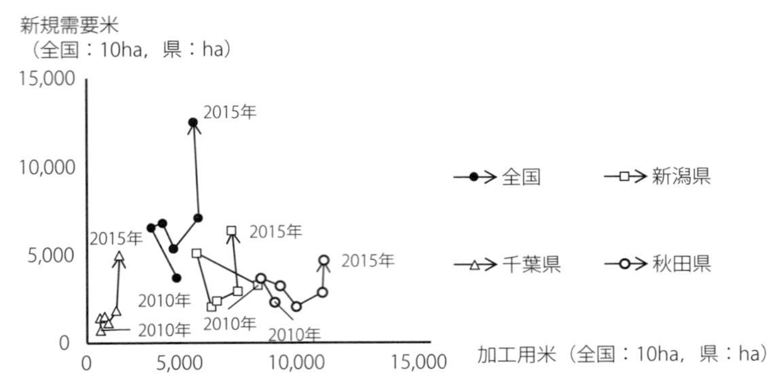

図1-6　全国・新潟県・千葉県・秋田県における加工用米と新規需要米の生産面積の推移

資料：農林水産省「新規需要米の取組計画認定状況」「加工用米の取組計画認定状況」より筆者作成。

た。加工用米生産面積は，全国的に増加傾向であるものの，今後は加工用米と新規需要米との，制度や地域におけるすみわけも課題である。とくに，主食用米以外の水稲の生産が盛んな都道府県では加工用米生産が多く（拙著 2017），飼料用水稲（飼料用米やWCS用稲）の生産拡大は，加工原料米供給に対して悪影響を及ぼす。政府は飼料用米の生産拡大を提示していることから，今後はさらに，加工原料米への影響が強まることを考慮して飼料用水稲の振興施策が講じられる必要がある。

米政策に関連して，食品表示をめぐる制度も和菓子や米菓の事業所に影響を与えている。また，「米穀等の取引等に係る情報の記録及び産地情報の伝達に関する法律」では，一般消費者に米加工食品の原料米産地（国または都道府県等）の伝達を義務づけている（2011年７月１日以降）。加工用米の産地が消費者に伝わることは，事業者にとって国産あるいは地場産の米の利用による価値の付加につながると考えられ，米加工食品業界全体で使用していた外国産米は25万tから８万tまで減少した（農業協同組合新聞　2012）。一方，福島第１原発事故を背景に外国産米を使うことで消費者の安全・安心ニーズに応える企業戦略もある（農業協同組合新聞　2012）。こうした動向は，ともに加工用米産地の表示義務に対応した和菓子企業の行動の帰結である。加工用米のフードシステムをめぐる水田施策や流通制度などの施策設計は，和菓子企業の戦略に影響を与えているのである。

もっとも，菓子の品目ごとに制度上の位置づけが異なることにも留意が必要である。例えば，「米穀等の取引等に係る情報の記録及び産地情報の伝達に関する法律」では，もちや団子，米菓は基本的に表示義務対象であるが，あんをいれたもち，あんで包んだ団子，大福，すあま，ういろう，ゆべしなどは対象外であった。さらに，2017年９月には，食品表示基準の一部を改正する内閣府令が公布・施行され，米以外も含めてすべての加工品を対象に，原料原産地の表示が義務づけられた（詳しくは，本書の補論を参照)。このような制度変更に直面している現場の様子については，今後，個別の品目や事例に着目した原料調達の実態解明が求められる。

2）小豆

小豆は主にあんに利用され，小豆あんは独特の食感をもつ。こうした素材の特性や独特の食感は，和菓子の多様性や展開に結びついてきた。日本では，小豆は他の豆類と比較して食文化の地域特性がみられない（本間　1999)。このため，日本における米と小豆は地域の食文化に関して普遍的な存在といえる。ただ，農林水産省「食料需給表」によれば「米」と「その他の豆類」は加工利用が減少傾向である。次に小豆について，作物統計によれば国内生産量は北海道産割合が2003年85％，2013年94％と北海道産に特化する傾向を強めている。ほかには，東北地方や瀬戸内沿岸（岡山県，兵庫県)，京都府で生産が多い（渡辺　1998)。

普通小豆の多くが和菓子に使用されており，北海道産，とくに主産地である十勝産小豆に対して和菓子事業者との意見交換も行われている。㈱虎屋は，品質を理由に特定品種の生産継続を期待するほか，(合)納屋橋饅頭万松庵は，小豆生産者に和菓子屋の気持ちになった生産や品種の安定に対する期待を生産者に伝えている（佐藤　2013)。

小豆が北海道産に特化していることは，北海道産小豆の品質の良さを示す

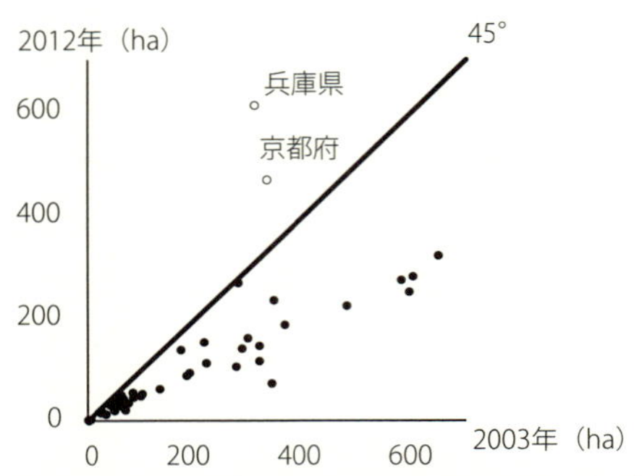

図1-7　都府県別にみた小豆の生産面積（2003年，2012年）

資料：農林水産省「耕地及び作付面積統計」より筆者作成。

のみならず，各地域の和菓子事業者が地場産小豆を使用していないことも意味している。こうした状況のもとで，都府県でも需要者と生産者の結びつきを強化する取り組みもみられる。例えば，京都府では，府内の和菓子業者や製あん業界などが協力し，製あん適性を踏まえた小豆の育種選抜が行われてきた経緯がある（静川　2013）ほか，兵庫県では，丹波ひかみ農協による実需者対応を重視したブランド管理が行われている（相良ら　2014）。**図1-7**に示したように，都府県では一般的に収穫量が減少傾向であるが，品質にもともと強みがあり，さらに産地を強化する取り組みがみられる京都府と兵庫県では，生産面積が増加しているのである。

ところで，小豆の国内収穫量と輸入量の合計は，1995年以降安定的に推移しているが，輸入単価が上昇傾向にある（**図1-8**）。小豆の安定的な供給体制を築くためには，現在進行している北海道産小豆の生産特化と併せて都府県産小豆の生産基盤の維持・発展が求められよう。同時に，小豆の主たる需要者である和菓子事業者と各地域の農業者との関係構築がより重要となってきているのである。

さらに**図1-8**をみると，小豆の輸入数量よりも国内収穫量が多い状況が継続していることがわかる。しかし，こうした小豆の動向のみから，あんこなどは国産原料が主に使われていると結論づけるわけにはいかないことには留

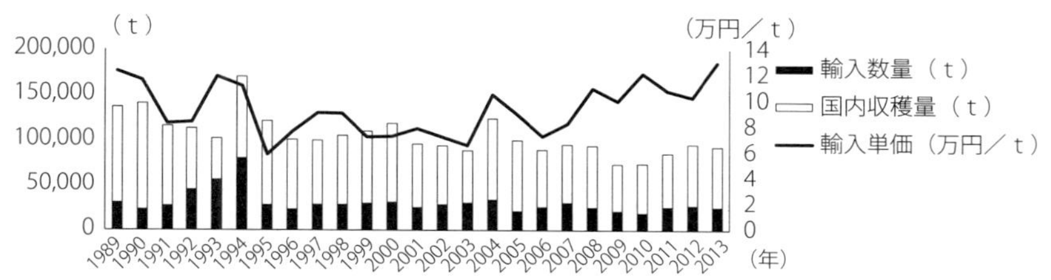

図1-8　小豆の国内収穫量と輸入状況の推移

資料：農林水産省「作物統計」「農林水産物輸出入概況」より筆者作成。

意が必要である。詳しくは次に，小豆とともにあんこの主原料である砂糖をめぐる状況もみながら，あんこの調達状況を整理して明らかにする。

３）砂糖

和菓子にとって砂糖は，単に甘味成分としてのみでなく，あんこの風味を向上させるほか，水分バランスや保存性にも影響する。また，砂糖の調達は，和菓子の発展に大きく影響を与えた。例えば，鎖国時代に唯一貿易の窓口であり，砂糖が荷揚げされた長崎県出島から福岡県小倉に至る長崎街道（通称，シュガーロード）では，カステラ（長崎県），小城ようかん（佐賀県），金平糖（福岡県）と，砂糖をきっかけとした和菓子文化が花開いたのである。

現在の砂糖類をめぐる状況として，国内の砂糖類供給量および，原料の生産・輸入状況の推移を**図1-9**に示した。

国民１人当たりの砂糖類の消費量は，1973年をピークに低下基調であり，近年でも消費者の低甘味嗜好などを背景に，減少傾向が続いている。砂糖類の原料となる粗糖輸入量は減少してきた。他方，国内のさとうきびやてんさいの収穫量は，維持または需要に応じて緩やかな減少傾向となっており，安定した推移を示している。

国内の砂糖類原料の生産が安定的であるのは，国際的な競争力があるためでなく，保護政策が講じられているためである。外国の砂糖と国内産の砂糖には，大幅な内外価格差があり，国内産は高い。この現状に対して，「砂糖及びでん粉の価格調整に関する法律」に基づいて，安価な輸入砂糖から調整

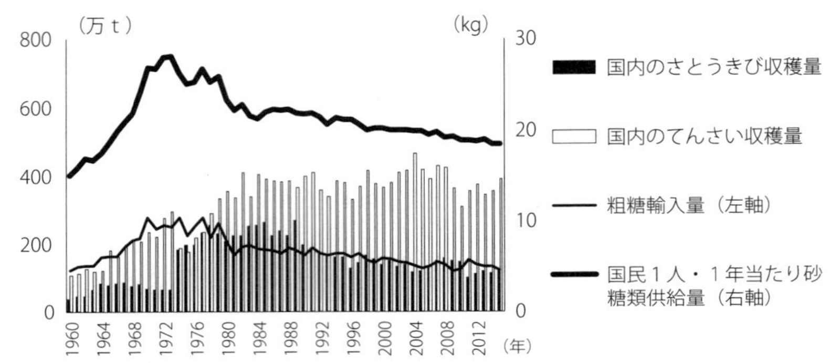

図1-9　国内の砂糖類供給量および，原料の生産・輸入状況の推移

資料：農林水産省「食料需給表」「作物統計」より筆者作成。
注：1974年のさとうきび収穫量の急増は，沖縄返還（1972年）が主な理由である。

金が徴収され，これを財源に，国内のさとうきびの生産者やてんさい糖・甘しゃ糖の製造事業者を支援することで内外価格差を解消している。

砂糖の内外価格差について，奥野（2004）は，為替レートにより変動するため一概にはいえないとした上で，２～３倍であると指摘している。日本の和菓子産業は，調整金の徴収を背景に割高な砂糖を使わざるを得ない現状がある。

この制度的環境のもと，原料調達でみられる動向の一つが，加糖あんの輸入増加である。なぜなら，加糖あんなどの加糖調製品は，制度上，調整金の徴収対象とならないからである。加糖あんの輸入増加は，**図1-9**に示した粗糖輸入量の減少の一要因でもある。

加糖あんの輸入動向を**図1-10**に示した。輸入金額は増加傾向である。大西（2008）によれば，加糖あんの輸入増加の背景には，①デフレ経済のもとで安い製品を提供するために安い原料を入手する必要があったこと，②輸入豆を含む乾豆の供給が不安定であったこと，③輸入加糖あんの品質・食味が向上したこと，④低価格なあん製品のヒットに代表されるように，加糖あんを使用した製品が消費者に一定程度受け入れられたこと――など諸々の要因が関係しているとされる。また，制度面では，調整金が必要な砂糖とは異なり，加糖あんは関税さえ払えば誰でも自由に輸入できる商品であるため，加

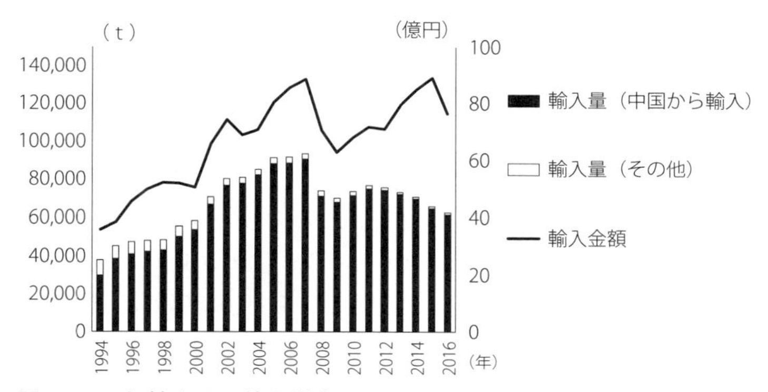

図1-10　加糖あんの輸入動向

資料：財務省「貿易統計」より筆者作成。
注：農畜産業振興機構調査情報部調査情報部（2016）の図 1-12，図 1-13 を参考として，HS コード 2005.40-190，2005.511-90，2005.99-119，2005.90-119 の合計値を，調整した豆（加糖あん）として示している。

工原料として国内に定着しており，「その使用（輸入）を劇的に減少させるような“秘策”はないというのが現実」（大西　2008，p.4）であり，国産小豆の市場縮減にも影響を大きく与えている。

加糖あんの輸入増加の理由について，実際のユーザーに協力を得て調査した農畜産業振興機構調査情報部（2007）によると，加糖あんは，中国が主な原産国であり，海上輸送中の品質劣化を防ぐため，国産あん比較して砂糖の量が多く，糖度が高い。また，国内の大手製あん企業のなかには，中国に協力工場をもち，日本の技術者を派遣して品質向上に取り組んでいるものもあり，この結果，加糖あんの輸入が増加しているという指摘もある。例えば，加糖あんは安価なあんパンの原料を中心に，製パン企業で集中的に使われてきたが，中国産加糖あんの品質向上や，日本固有種の小豆が中国でも栽培されるようになったことから，アイスクリームや，たい焼き，大福，おはぎといった用途まで，広範に使われるようになった。加糖あんは，品質改善と技術力向上の急速な進展によって，価格対品質評価が上昇しているのである。製造小売の和生菓子では，加糖あんが使われることは皆無といってよいが，土産用途など日持ちする和菓子や流通菓子では，加糖あんの利用が増大しており，産業の空洞化が懸念される。

農畜産業振興機構調査情報部（2007）は，さらに，加糖あんの糖度の高さが消費者ニーズとずれがあるとの意見が強まってきていることや，中国での人件費増や為替リスクの回避などの動向もあり，加糖あん単体の輸入量の将来は不透明としている。ただ，コストメリットを追求した商品では，中国産加糖あんから原料を変更することは考えられないとしている。

和菓子にも価格訴求品があるが，一般的には和菓子は嗜好品であり，品質を第一に追求して，コスト低減を第一目標としない商品である。この点，和菓子企業の存続は，加糖あんの輸入抑制につながると期待される。とはいえ，輸入加糖あんが品質向上が続けば，国産加糖あんと対等に評価されたり，価格対品質の競合がさらに激化したりすることも想定される。

加糖調製品は，加糖あんだけではないが，加糖あんだけ取り上げてみても，制度的環境や，和菓子企業の原料調達のあり方は，砂糖の輸入のみならず，小豆の輸入や，砂糖原料や小豆の国内生産といった日本国内の農業生産の面にも多大な影響を与えるのである。

4）寒天

寒天は，「テングサ，オゴノリ，オバクサなどの紅藻類中に存在する粘性物質を熱水抽出し，不溶物を除いた後これを乾燥したもの」（渡辺　1998, p.15）である。江戸時代に日本で発明された食品であるが，食品のみならず細菌培養の培地としての世界的な需要増加から，かつては重要な輸出品であった（野村　1951，林・岡崎　1970）。第二次世界大戦中には，細菌兵器開発に使用されることから輸出禁止された。このことは，結果的に外国での寒天製造研究を進めさせ，工業的な製造方法の開発につながった。

こうした経緯から，寒天の種類は，自然による凍結乾燥でつくられる天然寒天と，工業的に通年製造される工業寒天に分けられる。いずれも和菓子に使われるが，とりわけ天然寒天のうち糸寒天（細寒天）は，保水性，食感などのバランスが良く，和菓子のうち保存性の必要なものに使用されやすい（虎

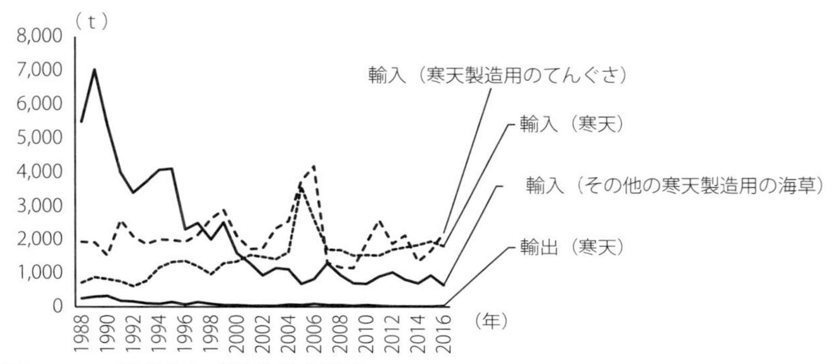

図1-11　寒天をめぐる輸出入動向

資料：財務省「貿易統計」より筆者作成。
注：2001年以前の輸入（寒天）は輸入（寒天のうち，細寒天）と輸入（寒天のうち，その他の物）の合計値とし，2002年以降の輸入（寒天）の値と接続した。

屋文庫　1999)。また，寒天は外国の菓子文化にも影響を与え，洋菓子でも寒天の使用がみられるようになった。

世界における寒天の生産量は，塚越（1998）が当時8,000tと推察しており，主な生産国は，日本，韓国，中国，スペイン，フランス，ポルトガルなどとしている。紅藻類は，愛媛県只見崎半島や静岡県伊豆半島近辺など，日本各地でとれるが，採取量が限られることや，刺身のつまなどの生食用需要があるために，輸入品のなかでも良質なものが使われるようになった。主な輸入先は，テングサはモロッコ，チリ，韓国，オゴノリなどはチリ，インドネシア，南アフリカなどである（虎屋文庫　1999)。原料輸入のみならず原料産地での製品化も進んでいる。これは，原料産地が海水がきれいなところに偏在しており，このような場所では工業化が遅れて人口が少ないなど，比較的低賃金な労働力が調達可能であることが主な要因である。

日本で発明され，かつて重要な輸出商品であった寒天は，原料や製品の輸入が進み，輸出量がきわめて少ない（**図1-11**)。財務省「貿易統計」をはじめ貿易量に着目するだけでは，和菓子用に需要されている寒天，あるいは寒天製造用の海藻の需給状況まで分類して把握することはできない。ただ，外国産の良質な紅藻類の調達が進められた経緯からみても，和菓子企業の特徴的な原料調達行動である，品質を優先する態度の一端を示しているといえる。

5）柏の葉

柏の葉は，新芽が出ないと古葉が強風でも落ちないため，子孫繁栄を象徴する縁起物であり，柏もちは端午の節句の供え物として今日に及んでいる（櫻井　2013，藪　2006）。また，「泥落とし」などと呼ばれる田植えが終わった後の労いとして，つくられることもある。柏もちが全国に分布しているのは，それだけ各地で身近な材料として柏の葉（またはサルトリイバラ）があったという側面も示している。自宅でつくる柏もちには，現在でも野山から調達された柏の葉が利用されることもあるが，企業ベースでいえば，現在では柏の葉の国産比率は約１％であり，生産地は青森県などに限られている。

図1-12に柏の葉・サルトリイバラの輸入量・輸入金額の推移を示した。2002年を中心に柏の葉の輸入量が多いが，低品質・低価格な柏の葉の輸入の影響等によるものであり，輸入金額でみれば，2002年頃は顕著には変動していない。また，2010年代以降をみると，輸入量が一段と低調である一方で，輸入金額が上昇基調であり，輸入単価が上昇している。サルトリイバラは，柏の葉と比較して輸入量が少なく，輸入金額も低いが安定した需要に支えら

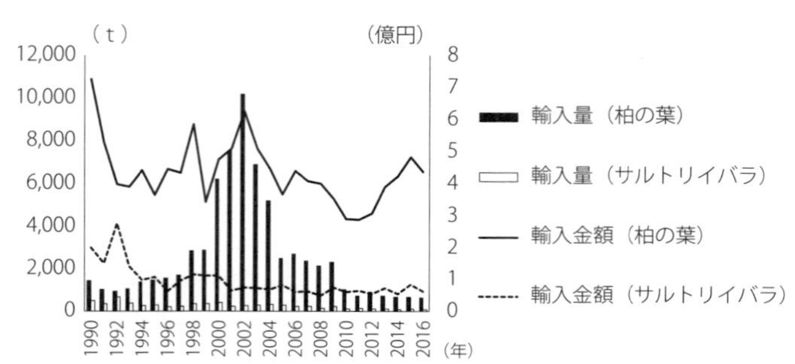

図1-12　柏の葉・サルトリイバラの輸入量・輸入金額の推移

資料：財務省「貿易統計」より筆者作成。

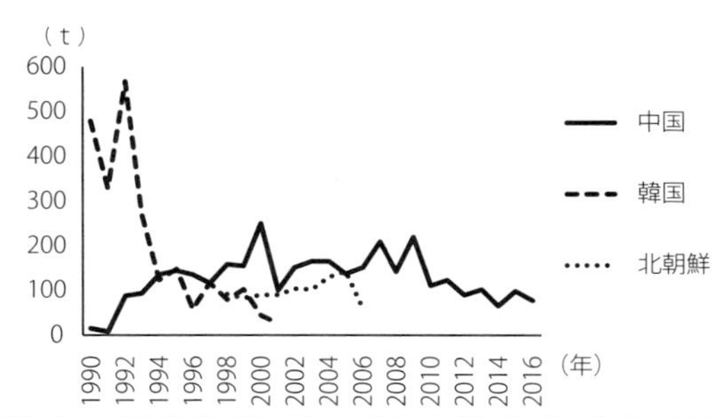

図1-13　原産地別にみたサルトリイバラの輸入量の推移

資料：財務省「貿易統計」より筆者作成。

れて推移している。

原産国は，柏の葉の場合，ほぼすべてが中国産である。対して，サルトリイバラは，朝鮮半島産が中心であった。現在は，**図1-13**に示したように，中国産のみとなっており，柏の葉と同様に中国産に集中している。

柏の葉，サルトリイバラの産地が中国に集中してきているのは，柏やサルトリイバラそのものが，日本，朝鮮半島，台湾，中国に分布するという地理的な理由に加えて，地政学的な影響や，人件費上昇などに影響を受けていると考えられる。例えば，北朝鮮産サルトリイバラの輸入が停止したのは，地下核実験（2006年）に対する経済制裁措置（輸入禁止）であり，北朝鮮に先んじて韓国産の輸入がなくなった主要因は，人件費の上昇であった。

人件費について，具体的には，柏の葉の調達の場合，中国黒竜江省の場合，日本円に換算して10,000円/月程度の給与で柏の葉が摘み取られている（全国和菓子協会への聞き取り調査結果より）。また，大阪市立大学大学院アジア・ビジネス研究分野の2007年度第４回ワークショップ資料（ゲストスピーカー＝㈱上野忠代表取締役社長・上野晃富史氏，タイトル＝食品加工業の中国進出：中国における和菓子原料の開発輸入，講演録http://www.gscc-asianbusiness.jp/workshop/2007/asi_04.htmlを2016年８月23日参照）によると，1947年創業の和菓子原料の製造卸会社で柏の葉・ヨモギ・笹の葉・桜の葉などのメーカーである㈱上野忠では，国内生産品の高騰やソウルオリンピック（1988）を契機とした韓国での人件費高騰を理由に，中国への進出（現地会社の設立・運営）を進めてきたという。

かつて日本の農山村における身近な原料として用いられ始めた柏の葉やサルトリイバラであるが，市場流通ベースでは，生産国・地域が限られており，調達先が中国に集中し，かつ低賃金な労働力に支えられている構造となっている。㈱上野忠でも，上記のワークショップ資料によれば，「中国の次に考えられる，パートナーに成り得る国は？」という問いに対して，「和菓子の材料を，生産できる場所は限られている。ベトナムやネパールでは，気候が暖かすぎ，カナダでは費用が掛かり過ぎる」と回答している。

和菓子のなかには，普段のおやつとして家庭でつくられてきた菓子が発展してできたものがあり，かつては身近な農産物や野山で採取できる原料で生産された和菓子もある。このような原料には，日本，あるいは風土条件が近い周辺諸国しか生産できないものもある。その一例として柏の葉を位置づけることもできる。日本の風土ならではの原料を用いる和菓子の場合，同様の構造があると考えられる。中国の経済発展の状況など，風土が似通った周辺諸国の情勢によっては，原料調達が困難になることも想定され，今後の和菓子企業あるいは和菓子文化の趨勢も左右されうるのである。

第４節　和菓子の消費と地域性

外国への和食文化の発信や，和菓子の輸出がニュースの話題となることがあるが，和菓子は基本的に国内で消費されている。水分含量が少なく長距離輸送に適している米菓だけを取り上げてみても，近年の輸出量は大きく変化していない。これは，主食用米や，米菓と同じく米加工品である日本酒の輸出量が増加傾向であることとは対照的である。もっとも，米菓の場合は，輸出量の動態をみるよりも，輸入量が輸出量を数倍上回る点が特徴的であり，米菓がもつ長距離輸送適性を如実に示している。生菓子と比較して米菓は広範囲に流通しやすいという点は，国内だけでみれば利点であるが，国際的に

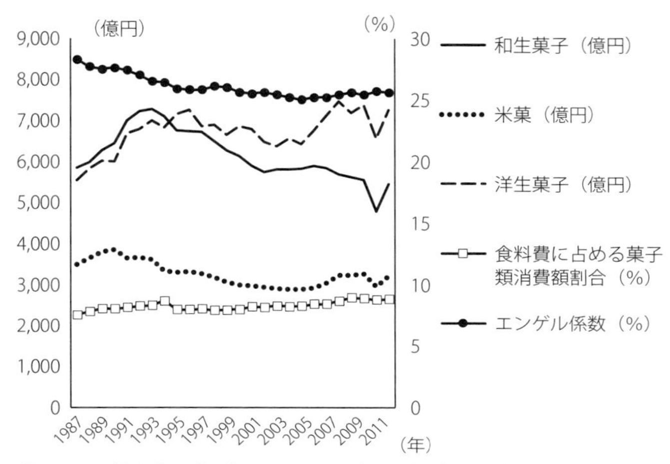

図1-14　菓子の出荷金額（従業員４人以上）や食料費に占める菓子類消費額などの推移

資料：経済産業省「工業統計調査」，総務省「家計調査」より筆者作成。
注：「食料費に占める菓子支出割合」「エンゲル係数」は，2人以上の世帯の値。

は輸出増加への期待と裏腹に，輸入品との競合が強いのである。国内で製造された和菓子が，基本的に国内消費されるという現状からは，国内消費の動向が和菓子産業構造に大きく影響を与えているという前提を改めて確認することができる。そこで本節は，和菓子の消費について，国内のみに着目する。

まず，和生菓子，米菓，洋生菓子の出荷金額と，食料消費の動向を**図1-14**に示した。和生菓子の出荷金額は，1980年代中半から今日にかけて，1993年までの増加局面から減少期（1993年から2003年）に転じて，その後，停滞期（2003年以降）にある。

嗜好品である和生菓子の出荷金額は，バブル景気とその崩壊に影響を受けた結果，企業の贈答品需要が縮減したことなどにともない，1993年前後の変化を示した。なお，バブル崩壊は，1991年２月から1993年10月まで（内閣府景気基準日付のいう第11循環後退期）と1993年以前も含むが，バブル崩壊後の不況の波が菓子業界に押し寄せたのは，一般加工食品よりやや遅い1992年８月以降であった（日刊経済通信社調査出版部　1993）。

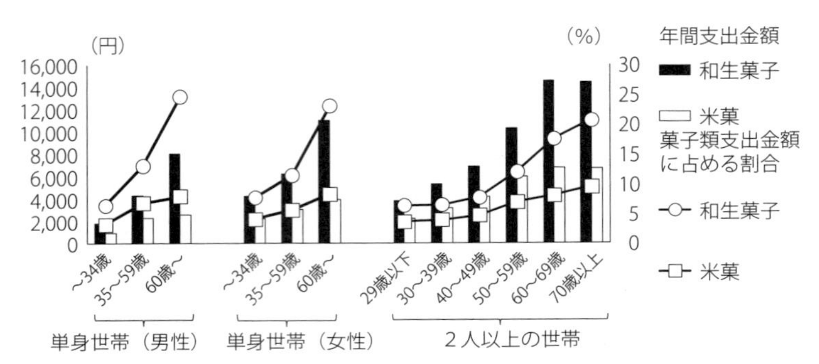

図1-15　和生菓子・米菓購入金額（2014年，世帯主の年齢階層別）

資料：総務省「家計調査」より筆者作成。
注：年齢区分は，家計調査の「世帯主の年齢階級」に基づく。

ただ，家計消費の動向も含めてみていくと，和生菓子の出荷金額の動態は，景気や所得のみに左右されるとはいい切れないことがわかる。例えば，エンゲル係数が緩やかな低下基調を示すなかで，食料費に占める菓子類消費額は微増傾向にあり，菓子類全体に対する需要の底堅さを確認できる。そして，2000年代から，和生菓子と洋生菓子の出荷金額が拮抗しなくなったように，消費者の嗜好の変化をともなう底堅い菓子需要であると考えられる。

菓子全体の安定的な需要に対して，品目別では，洋生菓子など他の菓子類の需要が増加する一方で，和生菓子や米菓の出荷金額は停滞局面である。なお，2011年には，東日本大震災による被災や菓子の一時的な買い控えにより，和生菓子，米菓，洋生菓子の出荷金額が一様に減少したが，その後回復しており，出荷金額動向の基調の変化にはつながっていない。

さらに詳しい消費実態については，総務省「家計調査」から明らかにする。本章第２節で述べたように，ここでは，ようかん，まんじゅう，その他の和生菓子の合計を和生菓子，せんべいを米菓として取り上げる。

和生菓子と米菓の購入金額（2014年，世帯主の年齢階層別）を**図1-15**に示した。年齢が高いほど，和生菓子と米菓の購入金額は増加し，かつ，一つ下の年齢階層と比較した増加率が高い。それでは，どの年齢から和菓子を消費する傾向が強まるであろうか。残念なことに総務省「家計調査」では年齢階級での把握であるため，具体的な年齢は明らかでない。ただ，「単身世帯」と「２人以上世帯」との両データで共通区分の年齢階層「60歳以上」では，和生菓子や米菓の消費性向が，59歳未満の年齢階層と比較して一段と強いことは明らかである。和生菓子や米菓の需要は，60歳以上の消費動向が大きく影響するのである。

しかも，この特徴は，和生菓子や米菓を嗜好する特定の世代が高齢化したことによる結果ではなく，高齢になるほど和生菓子や米菓を家庭消費する傾向によるものであると考えられる。なぜならば，例えば，和生菓子や米菓の１世帯当たり支出金額が年齢階級に応じて高まる傾向は，2000年の２人以上の世帯でも確認できるからである。同様の例として，総務省「家計調査」によれば，単身世帯のうち60歳以上の人員の割合が高い年収階級と，２人以上世帯のうち65歳以上の人員の割合が高い年収階級では，それぞれ，他の年収階級よりも，和生菓子と米菓の１世帯当たり支出金額（2014年）が高い傾向が確認できる。

次に，地域別の特徴を分析しよう。総務省「家計調査」は都道府県別のデータはなく，都道府県庁所在地別のデータがあるため，これを用いる。

まず，先ほど明らかになった年齢別の消費性向を踏まえて地域比較する。2010年国勢調査から60歳以上の人口割合の全国値を算出し，この値を境として，都道府県庁所在地の60歳以上割合を２グループに分け，菓子類の品目別購入金額（2012～2014年の平均値）をグループ間でt検定を行った。なお，データのない東京都を除いた46府県を対象とし，カステラ，ケーキ，ゼリー，プリンは，他の洋生菓子と合わせて洋生菓子として扱った。この結果，すべての品目区分について２グループ間の有意差は認められなかった（p値は和生菓子1.0，米菓0.28）。

都道府県庁所在地では，一般的に人口が多いため，家計レベルの消費性向が，市レベルの値に十分に影響していないとも考えられる。そこで，全国の値や都市階級区分（全国，政令都市および東京都区部，大都市を除く人口15万人以上の市，人口５万人以上15万人未満の市，人口５万人未満の市・町村）

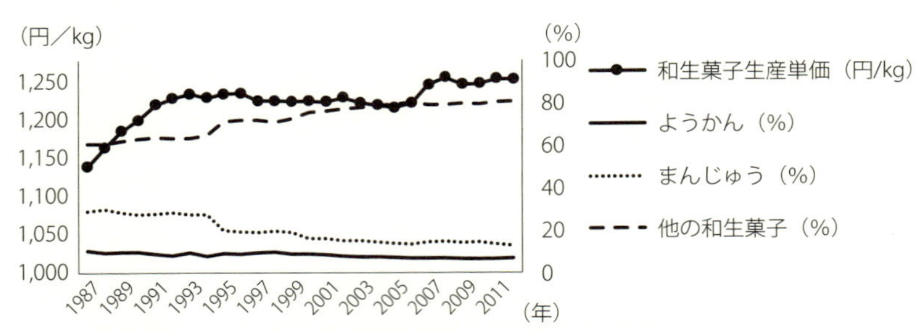

図1-16　和生菓子生産単価と品目別家計支出金額構成比の推移

資料：総務省「家計調査」などを原典とする「全日本菓子協会菓子統計年報」(2012年度版)に基づき筆者作成。
注：家計支出金額は，2人以上の世帯(全国)の値である。

別の２人以上世帯の購入金額(2014年)について，出金額と菓子類支出金額に占める割合を確認したが，和生菓子，米菓ともに，地域別の大きな差はなかった。

以上から，和生菓子や米菓の消費は，家計レベルでみれば年齢別によって異なるものの，この傾向は，市町村レベルの消費構造を変容させる程度の影響まではもっていないと考えられる。

なお，和生菓子といっても前述の通り多様であり，藪(2007)がいうように，和菓子の特性として商品寿命がきわめて永いことが知られている。和生菓子の商品別の消費実態について，和生菓子の生産単価と家計支出における品目別構成比を**図1-16**に示した。和生菓子の名目単価はバブル経済期増加したことが確認できる。出荷金額減少期(1993年から2003年)では，単価の変動は小さいものの，まんじゅうの需要減少，他の和生菓子の需要増加が進行したことが確認できる。出荷金額減少期(1993年から2003年)において，単価の低下は出荷金額減少の主要因でないことや，和菓子需要は変容してきたことがわかる。

支出金額構成比に着目すると「他の和生菓子」が約80％に増加している。この傾向は，企業家としての経営者・職人による創意工夫によって新たな和菓子が誕生し，消費が拡大しているためと考えられる。「他の和生菓子」の消費動向については，具体的にどのような和生菓子なのか，それ以上分からないという統計データの限界がある。その詳細の解明に当たっては，統計調査上の品目細分化や実態調査・分析が必要である。

本節の分析・考察はここまでであるが，最後に茶菓文化の地域性について言及しておく。

茶道が盛んな京都，金沢，松江が，いわゆる日本三大菓子処と呼ばれるように，茶と菓子の関連に着目して，一地域を対象として和菓子消費の地域性を論じることも可能である。また一般に，茶と菓子の消費に関連性がありそうだというイメージは，わきやすいだろう。しかしながら，茶と菓子の消費に関する一般的傾向は，既存の統計資料から十分に解明されていないのが学術研究の現状である。その背景の一つには，コーヒーや紅茶，洋菓子の需要増加が複雑に影響すると考えられることがあげられる。そして，菓子類全体の購入量・金額でみても緑茶購入量・金額との関連性は，きわめて薄いことが知られてきたのであった（例えば，石川　1999)。加えて，研究が困難な理由は，そもそも，文化面を含んだ消費実態の指標として消費量や消費金額に着目することが，分析手法として妥当か否かという疑問も残るからである。

ここでは，一つの試みとして，緑茶消費量と和生菓子の消費量（2012〜2014年平均）を比較すると，相関の有意性は確認できない（決定係数0.11)。このため，和生菓子は緑茶とセットで消費されているとはいいがたい。しかし，緑茶購入単価（2012〜2014年平均）はばらつきが大きく（１g当たり円：全国平均4.45，SD＝1.28)，和菓子消費金額が高い金沢市（2.98円/g）や，日本有数の緑茶生産地である静岡県の静岡市（5.45円/g)，茶道が盛んな京都市（3.18円/g）など，緑茶の単価によって茶菓文化が異なる可能性が見受けられる。このほか，都道府県庁所在地別の和生菓子と米菓の購入金額には，緩やかな正の相関が確認され（**図1-17**)，和生菓子と米菓が似通った比率をもちながら消費されていると考えられる。今後は，抹茶文化と煎茶文化の違いや，和生菓子と米菓の消費の関わりを含めた和菓子の消費構造の分析が課題である。

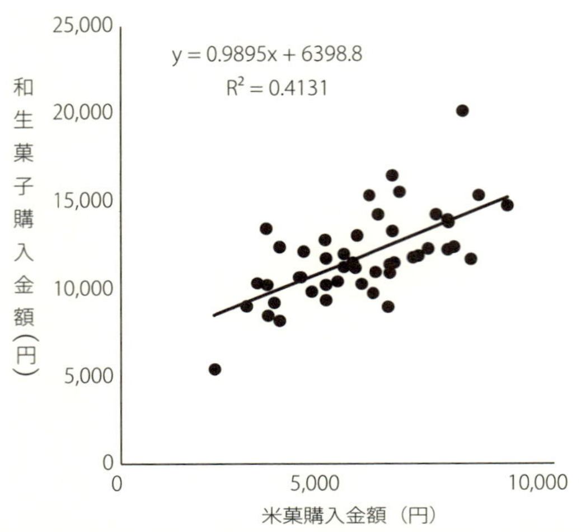

図1-17　1世帯当たりの米菓と和生菓子の購入金額（都道府県庁所在地別）

資料：総務省「家計調査」（2014年）より筆者作成。

第5節　和菓子製造企業の規模の動態

本節では，菓子製造産業全体の動向を踏まえながら，和菓子製造企業の特徴を明らかにしていく。

和生菓子，米菓，洋生菓子の事業所について，従業員数の規模を，1983年以降5年ごとに整理した（**表1-7**）。和生菓子について，「従業者数別にみた事業所数」はすべての規模階層で減少してきた。とくに事業所数最多である「従業者数4-9人」の少人数の階層で減少率が高い。「出荷金額のシェア」は，1980年代に「従業者数20-99人」の階層が「従業者数100人以上」を上回っていたが，1993年に逆転した。その後，「出荷金額のシェア」が増加しているのは全階層のうち「従業者数100人以上」に限られる。米菓の「従業者数別にみた事業所数」は，和生菓子と同様に全階層で減少し，とくに事業所数最多である「従業者数4-9人」の階層で減少率が高い傾向である。出荷金額に着目すると，米菓事業所では，和生菓子事業所と比較して1事業所当たりの従業員数が増加してきたといえる。洋生菓子も含めて比較すると，和生菓子

表 1-7　従業員数規模別にみた和生菓子・米菓・洋生菓子の事業所数と出荷金額の動態

品目	年	事業所数	従業員数規模別構成比				出荷金額（億円）	従業員数規模別構成比			
			4-9 人	10-19 人	20-99 人	100 人以上		4-9 人	10-19 人	20-99 人	100 人以上
和生菓子	1983	4,528	60%	17%	18%	5%	5,042	13%	11%	38%	37%
	1988	4,331	58%	16%	20%	5%	5,981	11%	9%	41%	39%
	1993	4,015	56%	16%	22%	6%	7,278	9%	8%	39%	44%
	1998	3,707	57%	17%	20%	6%	6,499	9%	8%	36%	46%
	2003	3,371	52%	21%	21%	6%	5,815	7%	8%	35%	49%
	2008	3,015	49%	22%	23%	7%	5,687	6%	8%	35%	52%
	2013	2,418	43%	23%	26%	8%	5,482	5%	7%	34%	55%
米菓	1983	1,166	55%	18%	22%	5%	3,169	7%	7%	33%	53%
	1988	1,096	55%	17%	22%	6%	3,657	6%	6%	31%	57%
	1993	979	52%	18%	24%	6%	3,611	6%	6%	30%	58%
	1998	881	51%	16%	26%	6%	3,178	6%	5%	30%	59%
	2003	766	48%	19%	26%	7%	2,913	4%	5%	28%	63%
	2008	701	43%	22%	26%	8%	3,232	3%	4%	25%	68%
	2013	581	38%	23%	30%	9%	3,301	2%	3%	24%	71%
洋生菓子	1983	3,460	47%	19%	27%	8%	5,069	6%	7%	32%	56%
	1988	3,185	44%	18%	29%	10%	5,826	4%	6%	31%	59%
	1993	2,839	41%	17%	31%	11%	7,005	3%	5%	30%	62%
	1998	2,506	40%	18%	30%	12%	6,893	3%	5%	30%	62%
	2003	2,127	34%	21%	30%	14%	6,384	2%	4%	23%	71%
	2008	1,987	32%	21%	31%	16%	7,456	2%	3%	22%	74%
	2013	1,777	27%	21%	36%	16%	7,326	1%	3%	23%	72%

資料：経済産業省「工業統計」より筆者作成。
注：「事業所数」，「出荷金額」はそれぞれ従業員数４人以上の事業体の合計。

と米菓は洋生菓子と比較して少人数の事業所が残留していることが確認できる。また，従業員数が多い階層の「出荷金額のシェア」に着目すると和菓子は，米菓や洋生菓子と比較して低い。従業者数の「事業所数のシェア」と「出荷金額のシェア」に着目して考察して，従業員数の増加が進行している順から並べると，洋生菓子，次いで米菓，そして和生菓子となる。

ただし，少人数の事業所が残留している和生菓子においても，従業員数が少ない経営は確実に減少の一途を辿っている。手工業的性格が一般的であった和菓子業界の家業的経営が，機械化などによって企業的経営へ移行しつつあることは，1970年代に既に指摘されていた（矢野経済研究所　1979）。この産業構造変化の動向は，1980年代以降に進展し，とくに1993年以降においてより定着しているとみえ，従業員数が少ない階層の減少と，従業員数が多い階層の増加が進行している。従業員数が少ない階層である「従業者数4-9人」の「事業所数のシェア」は，出荷金額減少期（1993年から2003年）の10年間に４ポイント，出荷金額停滞期（2003年以降）の10年間に９ポイントそれぞれ減少しており，従業員数が少ない階層の減少傾向が加速しているといえる。なお，中間的な階層である「従業者数10-19人」,「従業者数20-99人」の和生菓子事業所数の動向は緩やかであるため，家業的経営をはじめとした従業員数が少ない階層の減少の主要因は，少人数経営による従業員数の急増であるとは考えられにくく，少人数経営の廃業であるといえる。

和菓子事業所の機械設備の導入は，経営規模が小さいほど過剰投資になりやすい。また，手作業に依存する割合が高いことは，人件費率が上昇する反面，経営者や和菓子職人の創意工夫を促す力として働く（長谷川　2010)。こうした和菓子の商品特性は，画一的製品製造を目指す通常の工業製品に対する強みであり，同時に弱みでもある。もちろん，個別経営を支える和菓子には，長年継承されてきた商品が多いが，前節で明らかにしたように，新たな和生菓子の創造も一段と重要な局面となっている。和菓子企業にとって，機械化などによる経営規模の拡大の際には，和菓子供給における均質性・効率性の追求と独自性の発露という隘路をいかに切り開くかという課題が突きつけられていると考えられる。

和生菓子事業所の事業所数減少と従業員数が多い階層の増加が併進しているという全国傾向が確認できた。それでは，事業所数が少ない都道府県ほど和生菓子事業所の従業員数増加が進行しているのであろうか。まず，出荷金額停滞期（2003年以降）における「事業所数」と「１事業所当たり出荷金額」について，各都道府県の10年間の変化をみると,「事業所数」と「１事業所当たり出荷金額」が都道府県間で固定化されている傾向が確認された（回帰直線式：2013年事業所数＝0.6761×2003年事業所数＋2.9522，決定係数0.91。回帰直線式：2013年１事業所当たり出荷金額＝1.3149×2003年１事業所当たりの出荷金額＋0.26，決定係数0.76)。概況を**図1-18**に示した。高知県，香川県，和歌山県などは，比較的少人数な和生菓子事業所が存在している。新潟

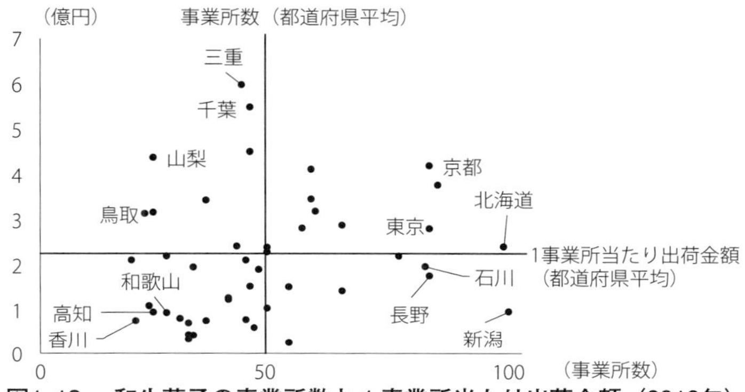

図1-18　和生菓子の事業所数と１事業所当たり出荷金額（2013年）

資料：経済産業省「工業統計調査」より筆者作成。

県はこれらの県と同程度の出荷金額ながら事業所数は多い。これは長野県にもみられ，多数を占める小規模な和生菓子事業所が減少していると考えられる。全国平均と比較して１事業所当たり出荷金額が高い鳥取県や山梨県などでは少数・比較的大人数な和生菓子事業所が展開している。三重県や千葉県では１事業所当たりの出荷金額が高いほか，日本を代表する和生菓子産地である京都府は事業所数が多い。事業所数が多い北海道や東京都は，１事業所当たり出荷金額は全国平均程度となっている。以上から，和生菓子の出荷金額停滞期（2003年以降）においても少人数の階層の脱落と大人数経営の増加によるドラスティックな構造変化が生じており，さらにその動態は都道府県ごとに多様となっている。高知県，香川県，和歌山県など，大規模層の展開が比較的進んでいない地域は，依然として少人数経営が和菓子供給の主たる担い手である。このため，少人数経営の脱落は，地域における和菓子文化の存続にも関わると危惧される。

次に米菓に着目する。まず，**表1-7**から米菓の従業者数規模別の動向を改めて確認すると，事業所数では和生菓子と同傾向で，出荷金額では洋生菓子と同傾向である。

2013年の全国出荷金額3,301億3,400万円のうち，主産県である新潟県は1,810億円と61％を占めたほか，埼玉県，兵庫県，栃木県で生産が盛んであり，これらの４県で全国出荷金額の71％を占めた。とくに「従業者数100人以上」の階層が米菓産業を牽引している。代表的な米菓産地である新潟県と埼玉県の2008年と2013年の事業所数を比較すると，新潟県が38から38，埼玉県が84から73と増加していない。この間の出荷金額の特化係数は，新潟県が2.55から3.07，埼玉県が5.63から5.91とそれぞれ上昇しており，一部の県や企業による生産に特化する傾向が強まっている。事業所数は埼玉県が多く，１事業所当たり出荷金額（2013年）は，全国５億6,800万円に対して，新潟県が47億6,300万円，埼玉県が２億7,900万円である。米菓産業は新潟県の亀田製菓株式会社や三幸製菓株式会社などの大規模事業者が好調であり，地場の零細事業者の倒産や廃業が進む（日刊経済通信社調査出版部　2013）なか，草加せんべいなどを名産とする埼玉県は，比較的小規模な事業所が主たる担い手である。埼玉県の米菓産業では，埼玉県外産のしょう油の利用量は多いが，その発露・発達の過程に関して江口ら（1978）は，地場産の良質なしょう油が調達できる地域性が要因である可能性を指摘している。埼玉県の米菓産業は，その発達経緯からも，比較的地域に密着した事業所が多いと考えられる。

以上から，米菓製造は特定県への特化が強まっており，ナショナルブランドが数多い新潟県に特化が進んでいた。一方，埼玉県では地域名を冠する草加せんべいなど，地域への志向が強い小規模事業所が展開している。この結果は，地域特性と事業所の経営規模の関連性を示唆している。米菓と比較して和生菓子が地域特性を有しやすいと仮定すれば，小規模な和生菓子事業所が根強く存在することや，米菓産業が和生菓子産業と比較して特定事業所に特化が進んでいることが説明できよう。

洋生菓子よりも米菓，米菓よりも和生菓子の順で従業員数が少ない経営が維持されている背景には，地域との結びつきの強弱が一要因であると思われる。和生菓子事業所は廃業が進みながらも依然として従業員数が少ない階層が多い産業構造となっており，地域との結びつきを背景とした頑強性を発揮していると考えられるのである。

第6節　和菓子企業と地域との関わり
—総合的考察と残された課題—

本章は，既存の統計データを用いて，和菓子産業や和菓子企業と地域との関わりを分析した。この際，「和菓子」を分類することが困難であることや，多様な経営があるため，一概には「和菓子産業はAである」「和菓子企業はBである」というようなことは言及できないことや，伝統ある食文化ながら日々発展を続ける和菓子について，杓子定規な考えで「和菓子」や「和菓子企業」を捉えることには危険性があることを認識しながらも，現状の把握として分析を試みた。

まず，和菓子原料の生産については，取り上げた米，小豆，砂糖，寒天，柏の葉に関して，高品質の原料調達を基本としながらも，輸入原料の重要性が高まっている現状が確認された。ただ，低価格で訴求する和菓子か，高品質で訴求する和菓子かによって，原料調達行動が異なる。もち米の需要が国産の主要産地か，輸入米粉調製品かという二極化にみられるように，和菓子の品目別，あるいは和菓子企業の経営方針としても二つの方向性があると考えられる。

和菓子の国内消費については，高齢者ほど和菓子を消費していることが明らかとなったが，市町村レベルの消費構造を変容させる程度の影響は確認できなかった。また，品目ごとでみると，まんじゅうやようかんといった代表的な和生菓子以外の需要の増加も確認された。藪（2007）が指摘するように，和菓子は商品寿命がきわめて永いという特徴を否定するものではないが，商品寿命が永い和菓子の伝承とともに，新たな和生菓子を創造していくことも和菓子職人の技術や人材育成について重要な局面となっていると考えられる。

以上のような，品目ごとに原料調達行動が異なると考えられることや，和菓子企業の規模拡大が和菓子職人の創造性に与える影響を踏まえながら，和菓子製造企業の規模を分析した。和菓子製造企業の規模では，和生菓子，米菓，洋生菓子を比較すると，バブル景気崩壊後も出荷金額が堅調に推移した洋生菓子と比較して，小規模事業体が維持されていることが明らかとなった。小規模事業体は，和生菓子，米菓，洋生菓子の順で，和生菓子ほど維持されていた。和生菓子は米菓と比較して小規模事業体が維持されているという産業構造の差異の要因としては，藪（2007）が指摘したような生菓子ゆえの流通に向かない商品特性が影響していると考えられる。とはいえ，和生菓子と同じく生菓子である洋生菓子の事業体は，米菓と比較して大規模事業体が多かった。この点については，新潟県と埼玉県の米菓産業の比較を通じて，地域性との結びつきの強弱が影響している可能性を指摘した。和生菓子は，水分含量が多く流通に向かないという商品特性や，地域性との結びつきの強さから，小規模事業体が根強く和菓子供給を担っているのである。

ここでいう流通に向かない商品特性や，地域性との結びつきは，流動的なものであり，和生菓子でいえば，冷蔵技術などの保存技術の向上や流通技術の向上，あるいは和菓子企業自ら地域をデザインして地域性を創造したり，朝生などの日持ちしない面をプラスに評価したりする経営方針も想定されるであろう。このような点については，本書の事例編でも触れられる。

最後に，和菓子企業と地域との関わりについて，さらに考察を深めてみたい。本章第４節で指摘したように，60歳以上で和生菓子需要が高いことから，都道府県別の和生菓子事業所について，60歳以上人口割合と和生菓子１事業所当たり出荷金額を示した（**図1-19**）。

本章第５節で指摘したように出荷金額が低い事業所では家族経営などの少人数の小規模経営であると推察される。従業員数は人口に占める60歳以上の割合が高い地域ほど小規模経営の事業所が立地し，高齢化率が低い地域ほど大規模経営の事業所が所在するという緩やかな傾向が，長期間にわたって確認できる。この傾向については，観光業の発展度合いや企業立地などを考慮して今後検証される必要があるが，和生菓子事業所の事業所数減少と大規模経営の増加が併進する全国傾向のなかで，高齢化が進んでいない地域ほど大規模経営が多くなってきていることを示唆している。

少子高齢化が進行する現代において，高齢者率が高い地域ほど，小規模な

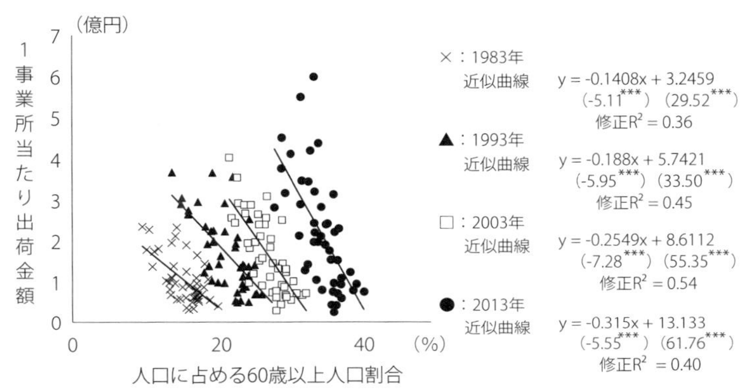

図1-19　都道府県別にみた60歳以上人口割合と和生菓子１事業所当たり出荷金額

資料：総務省「人口推計」，経済産業省「工業統計」より筆者作成。
注：１）県当たりの出荷金額がとくに低い沖縄県を除く46都道府県を対象とした。
　　２）凡例の括弧は，回帰係数と切片について，それぞれ０と等しいことを帰無仮説とする t 検定の結果（t 値）。***：$p<.001$。

事業所が根強く地域の和生菓子供給を担っていることも伺える。ただ，回帰係数は，経年的に低下しているとみえ，長期的にみれば，高齢化が進む地域で根強く残る小規模な事業所の撤退も回避できないと考えられる。このため，高齢化するほど和菓子需要が高まるとはいえ，高齢化が進行する地域においても，各地域の和菓子文化が途絶えてしまうことが危惧される。

和菓子と地域の関わりについて，消費面では地域の人口構成との関係性があることが明らかになった。次に土地に目を向けて考えてみよう。人々の普段の生活圏として可住地面積（＝総面積－林野面積－主要湖沼面積）に着目し，これに占める耕地面積の割合と和生菓子事業所数に着目したのが**図1-20**である。京都府や石川県といった和菓子企業が多い府県を含めても，可住地面積に占める耕地面積の割合が低いほど，和生菓子事業所数が多いという緩やかな全国的傾向がある。

なお，**図1-20**は縦軸と横軸が因果関係を示しているわけではないことに注意されたい。いわゆる疑似相関であり，大都市圏での消費金額の高さや，和生菓子企業の規模拡大や，都市化による耕地減少などの多様な要因が複雑

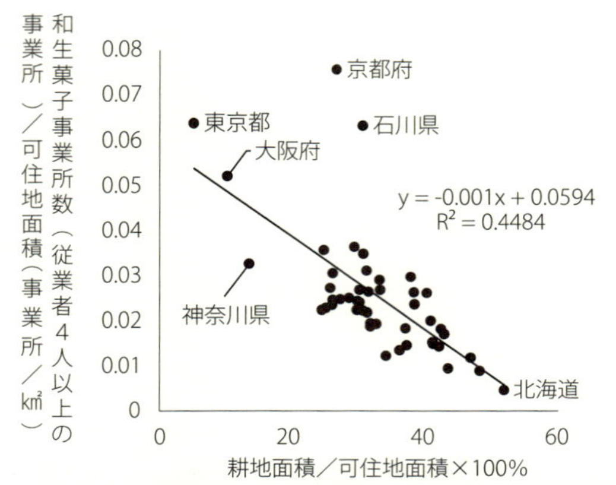

図1-20　都道府県別の可住地面積における耕地面積の割合と和生菓子事業所数

資料：総務省統計局「社会生活統計指標－都道府県の指標－2015」（2013年データ），農林水産省「耕地及び作付面積統計」（2013年）の田畑計，経済産業省「工業統計調査：品目編」（2013年）より筆者作成。

に絡み合っていると考えられる。現状の把握として散布図をみるならば，**図1-20**は，農地が身近に多いからといって必ずしも和菓子事業所が立地しているわけではないという重要な示唆を与えている。

これまで，地場産で良質な原料が調達できなかったり，十分な数量が確保できなかったりすることは，全国で限られた原料産地の特化や，品質の良い輸入原料の活用にもつながってきた。一方，本章で明らかにしてきたような，輸入原料をめぐる現状と課題や，経営規模拡大が進むなかで新商品開発の重要さがいっそう増していることなどを踏まえると，都道府県単位や，それより狭い地域単位での地場産原料の調達や，地場産原料を活用した新商品開発は，もしも可能ならば，和菓子企業にとって大きな強みとなるといえる。

したがって，高品質で安定的な原料調達の一環として，地元の農業・農村との関わりを強めることは，企業努力・企業戦略の一方向として検討される余地がある。もちろん，実際にこのような方向性を実践するに至る企業は，和菓子企業全体からみれば，ひと握りであろう。しかし，その限られた事例を抽出して詳しく分析することは，農業・農村との関わりを強めるという経営戦略の普遍性や特殊性の析出，ひいては和菓子企業全体と農業・農村との関わりの可能性や将来展望を考察することにもつながると期待できる。

本書の事例編の各事例分析において，課題と方法が改めて提示されるが，そこでは，企業家としての経営者・職人の独創性の発露として新製品開発の局面が，地域とのつながりとセットして紹介される。とくに和菓子のなかでも，流通菓子でなく製造・小売りされる和菓子を取り上げ，さらに，地域とのつながりがより強いと考えられる和生菓子が話題の中心である。このため流通菓子を製造する企業や，米菓を中心に製造する企業は取り上げない。また，和菓子が盛んな京都，金沢，松江を取り上げないが，これは，本章第３節末で言及したように，茶菓文化としての和菓子製造企業と地域とのつながりは今後の課題とするからである。

なお，和菓子企業は家族を中心に従業員数が少ない経営が多いことが特徴であるが，本書で取り上げる和菓子企業には，大規模な企業もある。これは，本章第２節で指摘した「他の和生菓子」の需要増加や，本章第３節で指摘したように従業員数が多い事業所数が増加していることを踏まえて，大規模な事業所において，従来の伝統的な和生菓子の伝承とともに，いかに新たな商品開発の創造を行っているのか，農業・農村との結びつきも含めながら分析を進めたいからである。

また，和菓子と農業・農村とのつながりについては，そもそも，普段のおやつとして家庭でつくられてきた菓子が発展してできた和菓子も少なくない。現在でも家庭でつくられる和菓子や，家庭でつくられていた和菓子を企業がつくるようになったケースもある。本書では，企業による和菓子製造という，商品経済下の和菓子に主に着目するが，地小豆を使ったおはぎや，自家生産したもち米や自分たちでとってきたヨモギでつくった草もちなど，より自給的で身近な和菓子の存在も無視できない。そこで，補論的に第６章では，集落営農による６次産業化として，和菓子製造に本格的に取り組み事例も取り上げられる。

本書で取り上げられる各事例は，他に類のないオリジナリティをそれぞれもっている。ただ，商品の寿命がきわめて永い和菓子の需要が停滞するなかで，企業者や職人の創造性によるイノベーションの発露の重要性が増しているという現局面に立ち向かっているという点では共通する。和菓子企業が直面する課題は，個々の経営によって異なるとはいえ，同じ時代に存在する全国の和菓子企業にとって，本書で取り上げる事例分析が参考となるところは少なくないであろう。

付記：本稿は，筆者が2017年１月に早稲田大学に提出した博士論文「水稲の飼料利用の展開構造」の補論部分の一部を加筆・修正したものです。研究の遂行と博士論文の作成に当たって，終始一貫して暖かく丁寧なご指導ご鞭撻を賜りました柏雅之先生（早稲田大学教授）に心より感謝申し上げます。さらに，貴重なご助言やご指導を賜りました，天野正博先生（早稲田大学名誉教授），三浦慎悟先生（早稲田大学教授），淵野雄二郎先生（東京農工大学名誉教授）に厚く御礼申し上げます（所属・職名は，本書刊行日現在のものです）。なお，博士論文の補論部分は，小川真如（2016）「中山間地域における社会的企業の戦略と限界：集落を基盤とした和菓子製造販売企業の有限会社Aの事例に着目して」『人間科学研究』第29巻第２号，pp.193-198のほか，小川真如（2016）「和菓子と地域との新たな関係と展望―地域農業の活性化事例から―」（地域デザイン学会関東・東海地域部会第９回研究会「農村の地域デザイン」報告資料）および小川真如・佐藤奨平（2016）「産業構造変動下における和菓子文化研究」（日本家政学会食文化研究部会12月定例研究会「食文化における研究方法」報告資料）を加筆・補正したものです。これらの報告は，それぞれ招待を受けたものであり，貴重な機会をご提供いただきました，地域デザイン学会および日本家政学会食文化研究部会の先生方や事務局の皆様に改めて厚く御礼申し上げます。

参考・引用文献

相良百合子・石塚哉史（2014）「小豆産地におけるブランド管理戦略の現状と課題：「春日大納言」の事例を中心に」『農業市場研究』第23巻第１号，pp.74-80。
竹生新治郎監修（1995）『米の科学』朝倉書店。
江口卯三夫・高橋茂（1978）「埼玉（醤油）」『日本醸造協會雑誌』第73巻第２号，pp.103-105。
江原絢子（2009）「近世の食生活：日本料理の完成と普及」江原絢子・石川尚子・東四柳祥子著『日本食物史』吉川弘文館。

原田信男（2004）「「菓子と米」試論」『和菓子』第11号，pp.45-52。
長谷川清（2010）「文化力～地域産業を支える力～第13回　食の力（和菓子：その２）」『New Finance』第463号，pp.50-55。
橋爪伸子（2012）「津山藩御国元の軽焼から津山名菓初雪へ：名菓の成立にみる菓銘の意義」『食文化研究』第８号，pp.13-24。
早川幸男（2013）『菓子入門』日本食糧新聞社。
林金雄・岡崎彰夫（1970）『寒天ハンドブック』光琳書院。
本間伸夫（1999）「豆利用の地域性」石川寛子編著『地域と食文化』放送大学教育振興会，pp.65-76。
石川寛子（1999）「茶菓文化の地域性」石川寛子編著『地域と食文化』放送大学教育振興会，pp.121-131。
松原寿（2007）「菓子業界における菓子卸売業の再編の方向性」『中央学院大学商経論叢』第22巻第１号，pp.63-75。
明治屋（1936）『明治屋食品辞典』明治屋東京支店。
元木靖（2015）『クリと日本文明』海青社。
村上陽子（2014）「中学生における和菓子の食嗜好性と食行動」『日本食育学会誌』第８巻第４号，pp.263-272。
NHK「美の壺」制作班（2007）『和菓子』NHK出版。
日刊経済通信社調査出版部（1993）『酒類食品産業の生産・販売シェア：需給の動向と価格変動』日刊経済通信社，pp.885-906。
日刊経済通信社調査出版部（2013）『酒類商品産業の生産・販売シェア：需給の動向と価格変動』日刊経済通信社，pp.948-950。
野村豊（1951）『寒天の歴史地理学的研究』大阪府経済部水産課。
農畜産業振興機構調査情報部（2007）「平成18年度加糖調製品（ソルビトール調製品，加糖あん）調査結果」農畜産業振興機構『砂糖類情報』2007年８月号（https://sugar.alic.go.jp/japan/fromalic/fa_0708c.htm，2014年12月５日閲覧）。
農業協同組合新聞（2012）「【SBS米・米流通最前線】なぜSBS米が高騰したのか? 2012年10月30日」（http://www.jacom.or.jp/archive03/news/2012/10/news121030-18315.html，2016年3月26日閲覧）。
小川真如（2017）『水稲の飼料利用の展開構造』日本評論社。
奥野和夫（2004）「お菓子の世界へようこそ」農畜産業振興機構『砂糖類情報』2004年12月号（https://sugar.alic.go.jp/japan/view/jv_0412a.htm,2014年12月5日閲覧）。
大西正晃（2008）「小豆需給安定懇談会報告の具体化に向けて」『豆類時報』第50号，pp.2-8。
大家千恵子・松本エミ子・小林茂雄（1985）「和菓子と洋菓子の概念イメージ」『共立女子大学家政学部紀要』第31号，pp.43-53。
櫻井美孝（2013）『先人の和と技：和菓子の由来』文芸社。

佐藤久泰（2013）「和菓子用十勝（北海道）産小豆の評価と要望」『豆類時報』第70号，pp.13-21。
鈴木裕範（2010）「和歌山県内の３城下町における和菓子文化の研究：地域文化としての和菓子文化の再評価とまちづくり」『地域研究シリーズ』第38号，pp.1-43。
鈴木勇一朗（2010）「近代おみやげ考」『国立歴史民俗博物館研究報告』第155号，pp.137-149。
静川幸明（2013）「京都府における大納言小豆の品種改良について」『豆類時報』第70号，pp.6-12。
高橋節子（2012）『和菓子の魅力：素材特性とおいしさ』日本調理科学会。
虎屋文庫（1998）「和菓子原材料の現在」『和菓子』第５号，p.7。
虎屋文庫（1999）『寒天ものがたり』黒川光博。
塚越寛（1998）「寒天産業の現状と将来」『和菓子』第５号，pp.18-27。
渡辺篤二（1998）「和菓子原材料の現状と将来」『和菓子』第５号，pp.8-17。
渡辺篤二・高橋節子（1998）「米粉製品について」『和菓子』第５号，pp.35-43。
藪光生（2006）『和菓子噺』キクロス出版。
藪光生（2007）「和菓子産業の現況」農畜産業振興機構『砂糖類情報』2007年１月号（https://sugar.alic.go.jp/japan/view/jv_0701b.htm，2014年12月５日閲覧）。
矢野経済研究所（1979）『有力和菓子メーカーの経営実態と販売戦略』矢野経済研究所。
吉田俊幸（1989）『タイ，台湾の米穀事情最前線：米・米加工品の国際競争力』農政調査委員会。

（小川真如）

コラム　地域の女性が支える生菓子産業

1　生菓子産業は女性の労働力に大きく依存

生菓子産業は，どのような人たちや技術によって支えられているのか，**図1**に示しました。横軸が女性比率，縦軸が資本装備率です。工業全体でみますと，女性比率が低いほど資本装備率が高くなりやすい傾向があります。食料品製造業は，繊維産業と同様に女性の労働力に依存しており，資本装備率が低いです。この特徴は，食料品産業のうち，パン・菓子製造業で典型的にみられ，とくに生菓子製造業が代表的といえます（**図2**）。地域の生菓子産業は，女性によって支えられているのです。

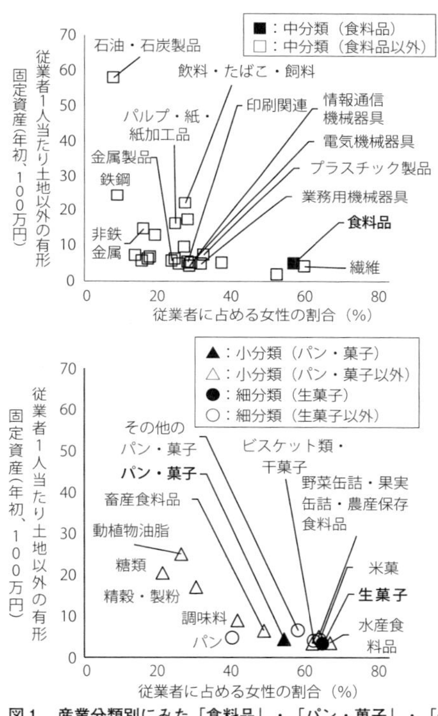

図1　産業分類別にみた「食料品」・「パン・菓子」・「生菓子」の技術的な特徴

資料：経済産業省「工業統計調査」（2014年，産業編）の従業者30人以上の事業所に関する統計表より筆者作成。

2　不安定な労働条件

地域の生菓子産業の事業所は，重要な就業の場ともいえます。経済産業省「工業統計調査」（産業編）によれば，2004年から2014年までの10年間に，製造業全体の女性従業者（従業者４人以上の事業所）は267.0万人から222.8万人に17%も減少しましたが，生菓子産業だけをみると5.3万人からわずか約500人しか減っておらず減少率は１%でした。

表1には，従業員数に占める女性の割合と，非正規雇用率を，製造業全体や生菓子の従業員数規模別で比較できるように示したものです。生菓子産業の従業員数に占める女性の割合は，従業員数が少ない事業所ほど高いという，製造業全体と同様の傾向があります。ただ，生菓子産業では女性の常用労働者数のうち，非正規雇用が多いという傾向もあります。とくに従業者数が多い事業所ほど，非正

表１　働く場としての生菓子産業の特徴

		従業者数のうち女性	女性の常用労働者数のうち非正規雇用
製造業	従業者 4〜29 人	37%	52%
	従業者 30 人以上	28%	52%
生菓子	従業者 4〜29 人	66%	65%
	従業者 30 人以上	62%	73%

資料：経済産業省「工業統計調査」（2014 年，産業編）の従業者 30 人以上の事業所に関する統計表より筆者作成。

規雇用の割合が高い傾向にあります。これは製造業全体にはみられない傾向です。

生菓子製造業のうち大規模な事業所では，不安定な労働条件の女性が多いことが懸念されます。

３　産業全体を対象に支援が進む「仕事と子育ての両立」

最近ではイクメンも増えているとはいいますが，女性にとって仕事と子育てを両立できるかは気になるところ。国は近年，子ども・子育て支援法の一部改正（2016年施行）など，厚生労働省や内閣府を中心に，事業所内で行う保育事業を推進しています。全国的には，病院内の施設が中心ですが，企業などによる比較的小規模な保育施設の設置も着々と増加しています（**図２**）。

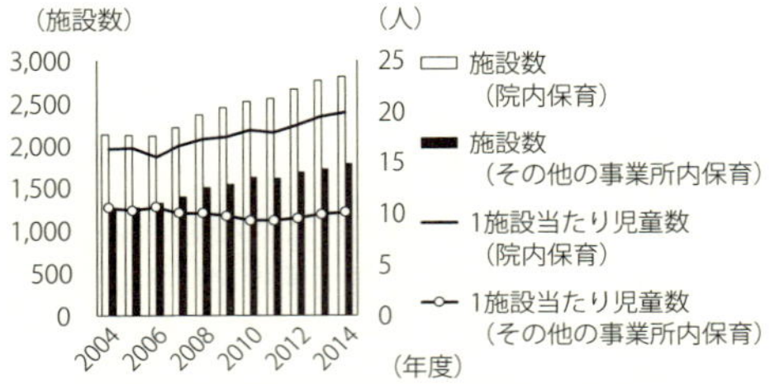

図２　事業所内保育施設数と児童数の推移

資料：厚生労働省「認可外保育施設の現況取りまとめ」より筆者作成。

４　広がるか，和菓子産業の事業所内保育

「工業統計調査」（産業編）からは，生菓子産業の内訳は把握できませんが，和菓子産業でも女性の働き方は課題のようです。調べてみますと，赤福の「赤福託児所」（1992年事業開始）や，㈱T（第３章）のO保育園（2004年開園），桔梗屋の「ハイジ」（2012年設立）などの事業所内保育があるようです。地域の女性に支えられてきた和菓子産業を，今後も発展させていくには，女性が活躍しやすい環境づくりに目を向けることも重要であり，和菓子企業による地域への再帰の一側面といえるでしょう。和菓子産業は，女性の労働力に依存する代表的な産業として，他産業の模範となる取り組みが期待されます。

（小川真如）

第2章

原料卸売企業からみた和菓子業界の特質と課題

第1節　研究の背景と目的

和菓子の種類はさまざまあるが，基本的には，水分含量によって，生菓子，半生菓子，干菓子の三つに大別される[1)]。とくに，生菓子と半生菓子については，干菓子に比べて水分含量が多く，保存性が劣るため，伝統的に「作ったものをその場で売る」ことを基本としてきた。そのような商品特性を有する和菓子業界は，藪（2007）が指摘するように，「極めて零細性が強く，製造直販の企業が圧倒的に多い」ことが特徴として挙げられ，その理由は，生ものが多い和菓子の商品特性を背景とする地域密着型経営にあるとされる[2)]。和菓子屋は全国に３万軒以上あるといわれるが，小規模零細企業が多く，職人の世界であることから，その経営内容に関する統計的把握が困難なのが実情である[3)]。ただし，ローカル市場を対象とする和菓子フードシステムの実態把握（荒木　2013）はこれまでにも行われてきたが，和菓子のフードシステム全体の把握には，大規模なデータ調査による分析が必要であり，現時点では困難を極めている。しかし，これまでに和菓子フードシステムの解明を志向した研究としては，中小企業団体の組織的役割から検討した伊豫（1989），需給・経営構造面から接近した館野（1992），地域特性の観点から構造分析を行った小川ほか（2016）が挙げられる。いずれも，団体・企業に対するヒアリングや統計資料の分析を中心に，産業構造の実態に接近したものである。しかしながら，和菓子原料の生産と原料需要との間に見られる特殊な原料調達事情については，これらの研究でも中心的な課題として取り扱われてこなかった。

以上から，本章の目的は，以下の方法によって，和菓子業界における原料調達の特質と課題を明らかにすることにある。

第2節　研究の方法

和菓子のフードシステムの実態把握への前段的な作業の一部として，先行研究・各種調査資料をもとに，和菓子の主要な原料調達の特質と課題を中心に検討し，それをもとに，全国和菓子協会（2015年7月），和菓子原料卸売企業S社（2016年7月，2018年2月）でのヒアリング調査結果と，地域回帰を強めている和菓子製造企業における原料調達行動のケーススタディによって検証する。

以下，次節ではS社を事例に和菓子原料卸売業界の特質を，続く第4節では和菓子の原料調達の特質と課題について検討し，第5節で本章の結論と課題を述べる。

第3節　S社にみる和菓子原料卸売業界の特質

和菓子業界は，家族経営を中心とする小規模零細企業が大半を占めている。このため，小規模な和菓子屋は，少量多品目の原料を必要としている。S社は，1975年に設立以来，関東圏に本社と三つの営業所を展開し，都内和菓子屋への販売を中心に多品目の和菓子原料を取り扱う卸売企業として，業界で高いシェアを獲得してきた。

S社の取り扱う商品は，小豆，大納言小豆，その他豆類，砂糖，その他糖類，小麦粉，白玉粉，澱粉，葛粉，きな粉，その他の穀粉，胡麻，餡，蜂蜜，調味料，青のり，料理材料，芋類，鹿の子豆，桜の葉，笹の葉，その他の葉，花類，木ノ実，酒と酒類，寒天，ゲル化剤，洋材，添加物，色素，香料，洗剤・殺菌剤となっている（**表2-1**）。たとえば，砂糖だけを取ってみても，上白糖，グラニュー糖，中双糖，三温糖，黒糖，和三盆，氷砂糖，きび砂糖，粉糖といったように種類が多く，しかも，バラ売りや1kgの小型のものから，

30kgといった大型のものにいたるまで，バラエティに富んでいる。かつて，和菓子業界には，小麦粉屋，粉糖屋などといった品目の異なる原料専門の卸売企業が存在していた。それらの企業は，それぞれバック・マージンによって経営を成り立たせていたが，現在では，配送コストの上昇などで経営が圧迫され，廃業に追い込まれた業者も少なくない。一般的に小規模零細な和菓子屋では，一度に大量の原料を使用することはなく，少量多品種の原料を必要に応じて調達している。したがって，きめの細かいマーケティングが，求められているのである。

とくに，近年の和菓子原料卸売業界では，和菓子原料だけでなく，洋菓子の原料も取り扱う企業が増えている。こうした「和洋折衷型」の原料供給は，全国的な洋菓子店の増加を背景に，とくに地方都市において顕著である。その他にも，油脂・パン・外食などの食材をも取り扱う企業が増えており，これらの企業では，和菓子原料以外の食材の取り扱いのウエイトが上昇している。しかし，それらの企業は競争力がなく，廃業に追い込まれることもある。とりわけ，都内では，既存の油脂・パン・外食の調達ルートが確立されており，参入障壁が立ちはだかって，新規参入を阻んでいるからである。

そこで，館野（1992）は，和菓子業界の特徴として，①零細な規模の企業が多いこと，②和菓子以外の兼業を行っている業者が多いこと，③景気の変動の影響を受けにくいこと，④規模別構造に変動がみられることを指摘している。①では，文化的，地勢的条件による流通面の制約や，商品特性・職人の養成期間等の和菓子特有の要因が規定していると指摘している。②では，㈠「和生菓子＋洋生菓子」といったように自社製品の兼業，㈡「和生菓子（自社）＋米菓（仕入）」,「和･洋生菓子（自社）＋米菓（仕入）＋干菓子（仕入）」,「和生菓子（自社）＋洋生菓子（仕入）」,「和生菓子（自社）＋洋生菓子（仕入）＋パン類（仕入）」といったように自社と他社製品の兼業，㈢「和生菓子＋喫茶店」,「和生菓子＋不動産経営」といったような菓子以外の兼業がみられると指摘している。③では，世俗的な通過儀礼や年中行事と関係した消費が多く，年間を通して比較的需要が安定しているが，ライフスタイルや社

表2-1　原料卸売企業S社の取り扱い商品一覧

小豆	業者物普通小豆（30kg）／ダイワ普通小豆（バラ）（kg）／北海小豆（バラ）（kg）
大納言小豆	業者物大納言小豆（30kg）／ホクレン大納言小豆（25kg）／備中大納言小豆（30kg）／丹波大納言小豆（30kg）／大納言小豆（バラ）（kg）
その他豆類	赤えんどう豆（30kg）／赤えんどう豆（バラ）／大手亡豆（30kg）／大手亡豆（バラ）（kg）／大福豆（30kg）／丹波大黒大豆（バラ）（kg）／だるまささぎ（30kg）／だるまささぎ（バラ）（kg）
砂糖	上白糖（30kg）／上白糖（1kg×20）／上白糖（1kg）／グラニュー糖（30kg）／グラニュー糖（1kg×20）／グラニュー糖（1kg）／中双糖（30kg）／三温糖（30kg）／黒糖（粉砕）（kg）／黒糖（粉砕）（バラ）（kg）／和三盆糖（5kg×3）／氷砂糖（30kg）／きび砂糖（20kg）／粉糖（4kg×5）／粉糖（バラ）（kg）
その他糖類	（参松）水飴（25kg）／米飴（餅飴）（25kg）／カップリングシュガー（25kg）／サンマルトS（20kg）／トレハ（20kg）
小麦粉	増田特・宝笠（25kg）／日清バイオレット（25kg）／日清スーパーバイオレット（25kg）／日清フラワー（25kg）／日清カメリヤ（25kg）
白玉粉	S社白玉粉（1kg×12）／玉三白玉粉（1kg×12）
澱粉	本・蕨粉（5kg×4）／上・蕨粉（10kg）／上・蕨粉（バラ）（kg）
葛粉	S社豊本葛（特製）（5kg×4）／随一本葛（5kg）／吉野本葛（5kg）／吉野本葛（バラ）（kg）／粉末本葛（バラ）（kg）
きな粉	山吹きな粉（2kg×8）／着色青きな粉（2kg×8）／天然色青きな粉（2kg×10）／焦・きな粉（中）（2kg×8kg）／京恵比寿きな粉（2kg×6）
その他の穀粉	玄米粉（2kg×10）／玄米粉（2kg）／麦こがし（2kg×6）／麦こがし（2kg）／粉末オブラート（20kg）／粉末オブラート（バラ）（kg）／氷餅（140g）（枚）
胡麻	すり黒胡麻（1kg×10）／すり白胡麻（1kg×10）／煎・黒胡麻（1kg×10）／煎・白胡麻（1kg×10）／黒胡麻ペースト（1kg×6）／白胡麻ペースト（1kg×6）
飴	晒飴（15kg）／晒飴（バラ）（kg）／じんだん飴（大福用）（2kg×5）／じんだん飴（団子用）（2kg×5）／いとど栗（栗飴）（1kg×12）
蜂蜜	レンゲ蜂蜜（25kg）／レンゲ蜂蜜（12kg）／桜印・蜂蜜（2.5kg×6）／ハニーミックス蜂蜜（2.4kg×6）／ハニーミックス（25kg）
調味料	キッコーマン醤油（濃口）（18ℓ）／白絞油（ℓ）／サラダ油（18ℓ）
青のり	上・青のり（バラ）（kg）／粉末青のり（バラ）（kg）／島田のり（バラ）（kg）
料理材料	むき銀杏水煮（50kg×10）／銀杏甘露煮（400g）
芋類	粉末大和芋（1kg×10）／冷凍金時芋ペースト（1kg×10）／冷凍焼き芋ペースト（5kg×2）／サツマパウダー（500g×10）／紫サツマパウダー（500g×10）
鹿の子豆	S・鹿の子豆大納言（2kg×2）／タ・鹿の子豆大納言（2kg×2）／S・鹿の子豆白小豆（2kg×2）／S・鹿の子豆手亡（2kg×2）／S・鹿の子豆青えん（2kg×2）／N・鹿の子豆青えん（2kg×2）／タ・鹿の子豆虎豆（2kg×2）／タ・鹿の子豆大福（2kg×2）／S・鹿の子豆金時（2kg×2）
桜の葉	桜生葉（夏季）（50枚）／桜青葉パック（500枚×10）／桜青葉（バラ）（50枚=束）
笹の葉	青笹（枝付き）（500枚×6）／青笹（枝なし）（300枚×15）／恵比寿枝笹（100枚×40袋）
その他	青カエデ（200枚×25）／紅葉赤（200枚×25）／紅葉黄（200枚×25）／銀杏の葉（200枚×20）／栗の葉（300枚×16）
花類	桜花漬ピンク（バラ）（kg）
木ノ実	国産生むき栗（秋期）（バラ）（kg）／韓国生むき栗（秋期）（バラ）（kg）／輸入クルミ（バラ）（kg）／信州クルミH（バラ）（kg）／松の実（バラ）（kg）／アーモンドホール（バラ）（kg）／アーモンドスライス（バラ）（kg）／アーモンドプードル（バラ）（kg）／洋杏（干杏）（バラ）（kg）／レーズン（バラ）（kg）／けしの実（バラ）（kg）

酒と酒類	ブランデーVO（1.8ℓ）／ラム酒（1.8ℓ）／和酒（梅）（700mℓ）／和酒（小豆）（700mℓ）／和酒栗（柚子）（700mℓ）／和酒（紫蘇）（抹茶）（700mℓ）／和酒（蓮）（生姜）（700mℓ）／和酒（金柑）（700mℓ）／富有柿（リキュール）（1ℓ）
寒天	伊那粉天ZR（1kg×10）／伊那粉天水あじさい（1kg×10）／固形寒天A（100個×6）／固形寒天B（100個×6）／釜一番（フレーク寒天）（200g）／イナゲル種助（4g×100×4）／イナゲル種助（500g×10）
ゲル化剤	板ゼラチン（300g）／粉ゼラチン（450g）／粉ゼラチン（1kg）／カラナギン（KZ2）（1kg）／イナゲルAM-60A（1kg）／イナゲル露草（1kg）／イナゲル透明露草（1kg）／パールアガー37（1kg）
洋材	洋生スイートチョコ（5kg）／洋生ホワイトチョコ（5kg）／板ビターチョコ（450g）／バンホーテンココア（バラ）（kg）／フレッシュバター無塩（450g）／フレッシュバター有塩（450g）／コンデンスミルク（397g×24）／コンデンスミルク（245.5kg）／ドライミックス（900g）／脱脂粉乳（バラ）（kg）／脱脂粉乳（25kg）／冷凍パイシート饅頭用8×8（360枚）／冷凍パイシート饅頭用10×10（360枚）／マジックファット200（10kg）／マジカルエースN（10kg）／グリスコ（ショートニング）（3ポンド缶）／ゼノア（7kg）／パフォーマー（5kg）／パルファンドール（16kg）（8kg）／デリドール（16kg）（8kg）／ケイクドール／QP冷凍加糖卵黄20%（2kg×6）／QP乾燥卵白W（5kg×2）／QP乾燥全卵NO1（5kg×2）
添加物	重曹（1kg×20）／アンモニア（1kg）／紅清3号イスパタ（500g）／愛国イスパタ（450g）／ベルソフト（450g）／愛国ポーダー（450g）／王冠ポーダー（2kg）／ケレモル（450g）／クエン酸（500g）／クエン酸Na（500g）／水切り（小）（250g）／水切り（大）（4kg）／ハニープロテクト（500g）／ターニング（250g）／カラメル（450g）／桂皮末（500g）／抹茶（小山園）あやめ（200g）／スーパーグリーン（300g）／スーパーグリーン（1kg）／スーパーベニ（1.8ℓ）／スーパーベニ（10ℓ）／SP（1kg）／SP（5kg）／アポパウダー（1kg）／モチラーゼ（1kg）／ニューモチエース100（1kg）
色素	（ねり）鹿紅／花紅／挽茶／黄色／玉子色／青色／緑色／黒光 （ 粉 ）鹿紅／花紅／挽茶／黄色／玉子色／青色／緑色／小豆色／真赤紅／唐草紅／紫色／チョコレート色／メロン色 （50g）／（100g）／（250g）／（500g） 天然色素各種（100g）／（250g）／（500g）／（1g） 五色の華 桜（CP-300）（1kg）／五色の華 緑（GL-300）（1kg）／五色の華 黄（YL-300）（1kg）／天然色素クチナシ（クチナシン）（1kg）／カプロチン（WR-2）（1kg）
香料	エッセンス（500g）：バニラ／ユズ／レモン／ペパーミント／ピーチ／シソ／ウメ／オレンジ／アーモンド／アップル／アプリコット／グレープ／ストロベリー／チョコレート／バナナ／パイナップル／マスカット オイル（500g）：バニラ／ユズ／レモン／メロン／ペパーミント／ピーチ／シソ／ウメ／オレンジ／アーモンド／アプリコット／グレープ／コーヒー／ストロベリー／バナナ／ハッカ／ブルーベリー バニラタブレット
洗剤・殺菌剤	ジアノック（次亜塩素Na）（3kg）／ジアノック（次亜塩素Na）（20kg）／アルペットEスプレー（500mℓ×12）／アルペットEカセット（500mℓ×12）／アルペットE（17ℓ）／シャボネット・ユム（手洗い）（1kg）／キャップテンV（18ℓ）／シャボX2（3kg）／ニューハイネスW（400mℓ×12）／ラクハート（1ℓ×12）／ラクハート（4ℓ）／ラクハート（15kg）／パストリーゼ77（1ℓ）／パストリーゼ77（5ℓ）／パストリーゼ77（15kg）

資料：Ｓ社からの提供資料より作成。

会環境の変化により，儀礼・行事のあり方や菓子の消費に影響を及ぼすことになると予測している。④では，中小製造小売業の堅調な伸びに対して，零細製造小売業の製品に対する需要の停滞という規模別構造の変化を指摘している。また，法人企業で多店舗展開している店舗が増加しているのに対して，個人企業の単独店は減少しつつあり，その割合も低下していると指摘している[4)]。

以上は，1992年当時に分析されたものであるが，こうした傾向は，現在も継続していると考えられる。しかしながら，S社の場合には，都内の多くの和菓子屋との契約に支えられ，和菓子原料卸売企業としての強みと独自性によって，発展してきたといえる。

第4節　和菓子の原料調達の特質と課題

和菓子は，「和」のつく菓子であることから，外国産原料に一部依存しているとはいえ，基本的には，良質な国産原料によって支えられている。したがって，和菓子業界にとっては，良質な国産原料の安定的なサプライチェーンの確立が重要な課題となっている。また，一般的に，製造・小売の一貫経営を行っている和菓子屋では，使用原料を卸売業者に依存して調達している。

以下では，和菓子原料として代表的な小豆，クリ，ヨモギの三つの品目を取り上げ，各原料の生産実態から，和菓子の原料調達の特質と課題について検討する。

1）小豆

小豆は，和菓子にもっとも多く使用される原料であり，ダイナゴン，キントキアズキ，ウズラアズキ，シロアズキ，リョクズなどの品種がある。中国から渡来したマメ科の一年草として，各地で栽培されている。2015年度の小豆の全作付面積は2万7,300haあり，その内訳は，主産地の北海道産が2万1,900ha（全国の約8割）を占めている[5)]。なお，北海道産小豆類の消費量（2015

年度）は89万俵であり，うち45万俵が製餡，43万俵が菓子，２万俵が製パン，小袋その他が９万俵となっており，全国の和菓子の原料小豆が北海道産に大きく依存していることがわかる[6)]。したがって，和菓子の原料小豆については，北海道産小豆のサプライチェーンに注目する必要がある。

小豆の主な流通経路は，生産者から産地集荷業者や農業協同組合（北海道産はホクレン農業協同組合連合会）に出荷され，選別・調製後，卸売（一次問屋・二次問屋・製菓材料商）を経て，製造・加工部門・企業へと搬送される。製造・加工の現場に携わるのは，①製餡業者・和菓子業者・製パン業者・食品製造業者等，②乾燥豆袋詰業者，③煮豆業者，④甘納豆業者，⑤煎り豆・フライビーンズ等といった豆菓子業者である。このうち①では，和菓子小売（一般小売店舗，スーパーマーケット，コンビニエンスストア，百貨店での専門店の出店）を通じて一般消費者に販売されているが，②の乾燥豆袋詰業者は，業務用仕向けとして外食・給食産業（飲食・給食業者）を通じて一般消費者に販売される。和菓子原料となる小豆の流通で特徴的なことは，製造と小売が同一業者である場合が多いことと，ホクレンをはじめとする各都道府県の農協経済連が販売を担当していることである[7)]。

日本豆類協会は，近年の小豆をめぐる流通・消費事情について，次のように分析している。すなわち，①小豆などの豆類・豆類製品の有力な消費者は，中高年層が中心であり，60歳以上の人口の増加は，小豆消費にとってはプラスに働くのではないかとの見方もある。その反面，一般的に「食が細くなる」といった高齢者の食生活の傾向を考慮に入れておかなければならない。②また，近年は，個人嗜好の多様化により，棹菓子を家族で切り分けて食べることよりも，小型ようかんなどの食べきりサイズ，とくに食べきりサイズの詰め合わせ和菓子が好まれてきていることや，③健康志向を反映して，「和菓子は，洋菓子に比べてよりヘルシーである」との見方もあり，今後，小豆や和菓子の消費を後押しする可能性がある。④コンビニエンスストアで販売されるチルド和菓子は，保存を目的にした加糖が必要でないことから，甘さを抑えることが可能であり，健康志向の女性客やシニア層の需要が拡大した実績もある[8)]。

以上のことから，和菓子原料である小豆は，高齢化，ライフスタイルの変化，健康志向などによる新たな消費者ニーズへの適応を踏まえて，今後も，北海道産を中心に，安定的な供給が期待されている。

2）クリ

クリは，山地に生えるブナ科の落葉高木であり，種子は食用，材は枕木や建材，樹皮といがは染料に用いられる。2016年度のクリの結果樹面積は1万9,300haで，反収85kg，収穫量1万6,500t，出荷量は1万2,100tに達する[9)]。近年では，食物繊維，ビタミンB_1，ポリフェノールの一種であるタンニンなどが多く含まれるクリの機能性が注目されている。しかし，生産者の高齢化によって結果樹面積は年々減少傾向にあり，和菓子業界にとっては，良質なクリの入手が課題となっている。「和菓子はクリがあれば売れる」（S社関係者）といわれるほど，クリは和菓子業界にとって極めて重要な原料と位置付けられている。

クリの都道府県別収穫量をみると，1位が茨城県産（3,740t，23％）であり，次いで2位が熊本県産（2,140t，13％），3位が愛媛県産（1,700t，10％），4位が岐阜県産（744t，5％），その他（8,180t，50％）となっており，この4県で全収穫量の約半分を占めている[10)]。なお，2006年に対する2016年のクリの生産状況は，この10年で反収が14kg減（−14.1％），結果樹面積が4,000ha減（−17.2％），収穫量が6,600t減（−28.5％），出荷量が4,100t減（−25.3％）となっており，都道府県別収穫量でみると，1位の茨城県産が1,111t減（−22.9％），2位の熊本県産が1,325t減（−38.2％），3位の愛媛県産が379t減（−18.2％），4位の岐阜県産が202t減（−21.4％），その他が3,579t減（−30.4％）と大きく減少していることがわかる。減少の主な要因としては，高齢化の進展による労働力不足が挙げられる[11)]。

クリは，生産地で収穫された後，殻剥きを行ったうえで，消費地へと運ばれる。20年ほど前の農村には，殻剥きを担当する女性達と集荷をアルバイトにする人達がいて作業を分担していた。現在でも，茨城県には殻剥きを行う人達がいるが，他県ではあまりみられなくなってきている。昭和30年代頃まで，クリの缶詰めや瓶詰めは，個人経営の和菓子屋で行われていた（当時，S社の前身であるK社は，茨城県産のクリを使用して，殻剥きクリ缶詰の実用化へ向けての研究開発に注力しすぎたあまり，一度倒産してしまった経緯がある)。昭和40年代になり，クリ缶詰・瓶詰めは，ポピュラーな製品となった。国産のクリは高価であることから，昭和40年から50年代にかけては，缶詰・瓶詰用には，韓国産のクリが使用されていた。当初，韓国においてクリの産地形成が行われたが，その後は，殻剥き作業の人件費を抑えられる中国へと産地が移動していった。クリの殻剥きは，ダイアカットなど一部を除き現在でもなお機械化が実現できていないため，人手による細かい作業が必要とされている。

輸入されているクリのサプライチェーンは，主に，①韓国で生産したクリを→中国で加工し→日本に輸入するルートと，②中国で生産・加工し→日本に輸入するルートの二つがある。いずれも，その大半を商社が取り扱っている。一方，現在の国産クリ流通で特徴的なことは，茨城県産は従来通り生グリが出荷されているが，熊本県産のクリは愛媛県の工場に輸送されて缶詰に加工される場合もあるという。国産のクリ缶詰は量が少ないが，クリのペースト加工品は技術的にも取り組みやすいため，国産品が増加している。クリの甘露煮の場合，国産は僅少であるが，渋皮煮の場合には，ここ数年で国産が増えている。日本橋や銀座の百貨店に出店している和菓子屋が，百貨店側からの要望で，国産クリを使用する傾向を強めてきた。しかし，国産のクリは，外国産と比べて，依然として不足傾向で推移しているのが現状である。洋菓子では，一般的に，比較的大きめのサイズでなおかつ安価で，硬めのものが好まれており，素材として食味があまりよくなくても構わない。一方，和菓子では，良質なクリであることが前提であり，軟らかく，素材としても食味のよいものが好まれる。和菓子職人も消費者も，そうしたクリを好む傾向にある。

S社などの和菓子原料卸売企業においては，近年（とくに2014年・2015年），茨城県産クリの調達が難しくなってきている。茨城県内の業者に，地産地消プロジェクト等によって買い占められてしまったことなどから，都心部への供給量の確保が困難になっている。原料卸売企業の集荷力は，こうした原料事情の大きな変化のなかでこそ試されているといえる。こうした事情を背景に，和菓子企業が自治体・農協などと連携しながら，原料クリの産地化を積極的に推進する取り組みも始まっている。

3）ヨモギ

ヨモギは，キク科の多年草であり，別名カズサヨモギまたはモチグサともいう。もともと，日本では本州から九州にかけて，海外では朝鮮半島および南西諸島から台湾にかけて分布し，山野で自生している。ヨモギの若草は，草餅や草団子の原料となり，若草の下面の毛からは「もぐさ」が作られている。ヨモギの葉は，薬草としても利用され，腹痛薬などの原料となる。日本では，従来，和菓子で使用されるヨモギといえば，昔ながらのやり方として，田んぼの畔に自生したものを利用していた。収穫に際しては，主に農村女性が季節労働として作業に従事していた。20年ほど前はどこの農村でもみられた光景である。そこでは，収穫したヨモギを集荷するのは高齢者の場合が多い。彼らが引退すると同時に出荷者，集荷者，仲卸業者の関係が崩れ，相互の情報が途絶えてしまい，結果的にヨモギ産地が失われてしまうといったケースが後を絶たない。農村人口の高齢化は，ヨモギなど[12]の和菓子原料のサプライチェーンにも大きな影響を及ぼしている。

以上のことからも明らかなように，和菓子原料向けヨモギの統計については把握することが困難であるが，薬草作物としてのヨモギの統計は存在する。現在把握できているものだけでも，2015年度のヨモギ栽培農家は新潟県・石川県・岐阜県・鳥取県・京都府の合計で198戸あり，栽培面積が389a（うち収穫面積355a），生産量は21,486kgとなっている[13]。

こうしたなかで，S社は，2016年から茨城県内の生産者と契約し，ヨモギを調達している。まだ年間分を収穫するまでには至っていないが，原料ヨモギの不足を補う手段として機能している。生ヨモギは，春先に草餅用に使用するのが一般的である。草餅で使用するもの以外については，１キロ詰めのロットで冷凍保存しておき，他の和菓子などに使用する。外国産のものでは，中国産ヨモギが，主に，乾燥，粉末，固形原料の形で流通している。近年の中国産ヨモギは，異物混入や農薬付着を防ぐ工程管理によって品質が大きく向上してきている。一方，国産ヨモギは，水田の畔などに自生している場合には，イネに散布した農薬がついてしまうことや，収穫・集荷の際に雑草などが混入してしまうなどの弱点もみられる。しかし，その弱点を克服し，良質な国産ヨモギを自社生産する和菓子企業の事例もみられる。

４）原料調達の地域回帰志向の高まり

小豆については，わが国の食料生産基地である北海道を中心とした産地形成とサプライチェーンの実態を把握することができたが，クリやヨモギなどの和菓子原料の産地については，各地の農村に細かく分散しており，とくに高齢化による労働力不足が原料作物の生産・収穫に大きな影響を及ぼしていることが明らかになった。しかし，和菓子業界では，良質なクリやヨモギなどの国産原料が必要とされている。下渡（2003a）によれば，日本型フードシステムは，国内農業に対して「つながる原料」と「離反する原料」とに二極化しており，そのなかで鮮度・品質・安全面を強みとする国産原料は，製品の差別化・高付加価値化の重要な源泉となっている[14)]。輸入原料と比較した国産原料の強みは，具体的には下渡（2004）が指摘するように，①高い歩留まり率と安定的な品質を担保する徹底した栽培管理，②土壌条件・肥培管理を含めた栽培方法と輸送方法・時間，③原料生産者との連携による地場食品企業を中心とする高付加価値商品へのシフト，④消費者・原料ユーザーからの高い信頼性に支えられている。以上の点に従えば，近年の和菓子業界における原料調達では，国産原料の強みを背景とした「つながる原料」を求めているということができよう[15)]。

さらに，社会学の立場から森崎（2016）は，コンヴァンシオン理論等に依拠しながら和菓子屋調査での検証をもとに，「近年の和菓子の発展の方向性としては，大量生産市場を脱却し，（中略）伝統的な真正性による価値づけが維持されつつも，次第に新しい価値づけコンヴァンシオンへの萌芽的進化が見られるのである」[16)]と指摘するとともに，「日本においても昨今の農産物や食品の輸出振興，地理的表示の浸透などを見据えると，今後は和菓子も地域の農産物とのつながりなどに『価値』や『真正性』を求められる可能性も高い」[17)]と指摘している。こうした和菓子企業の「地域回帰志向」を裏付けるように，大仲（2011）が分析している①滋賀県内の和菓子企業による自社でのヨモギ生産の取り組みや，高橋・大内（2014）や佐藤（2015）が分析した②岐阜県恵那市内の和菓子企業による長野県飯島町でのクリ産地化の取り組みなどがすでに行われている。

①の取り組みは，原料ヨモギが，自社の求める品質では調達できなかったことから開始されたものであるが，結果的に自社の菓子の品質向上のメリットを見出すことになると同時に，従業員の原料に対する知識の蓄積や品質チェック能力の向上，さらには自社のブランドイメージ構築に役立つなど，副次的な効果があることが確認された[18)]。

②の取り組みでは，クリ生産者の高齢化の進行や和菓子販売数量の増加に伴う原料確保の制約によって新たな原料供給地を模索するなかで，近隣地域において自治体・農協と連携して産地化を実現している。比較的栽培が簡易であるクリの特性から新規生産者を増やし，彼らのモチベーションを高めて法人化や荒廃地の解消にも貢献した。また，産地に新たに菓子工房を設立したことによって，高品質のクリを鮮度のよいうちに納入することが可能となり，原料ロスの減少と高値取引による生産者の収入増加および生産意欲の向上に寄与するなど，地域農業のバリューチェーンの形成にも役立った[19)]。

第５節　結論と課題

以上，和菓子屋・和菓子卸売業界の視点から，小豆・クリ・ヨモギ等にみる和菓子原料をめぐる原料調達の特質と課題について検討した。以上の検討の結果から，主に次の五点が明らかとなった[20]。

第１に，和菓子原料卸売業界内での高いシェアをもつS社は，小規模零細和菓子屋の各店舗における少量多品目の原料ニーズを把握していた。このようなきめの細かいマーケティング力[21]を武器にバラエティに富んだ小ロットのばら売りから大ロットに至るまでの原料を取り扱う事で，販路の拡大を進めていた。

第２に，和菓子業界全体では，良質な国産原料の安定的なサプライチェーンの確立が重要な課題になっていた。卸売業者には，良質な国産原料の高い集荷力が求められている。

第３に，和菓子の主要原料である小豆の大半を北海道産に依存していることから，原料小豆については，北海道産小豆のサプライチェーンの動向に注目する必要がある。小豆は，高齢化やライフスタイルの変化，健康志向などを背景に消費者ニーズが高まっていることから，こうした消費者ニーズの変化を踏まえて，今後とも，北海道産を中心に，安定的な供給体制の維持が重要である。

第４に，和菓子の主要原料の一つであるクリもヨモギも，農家の高齢化によって，その調達経路は脆弱化が進んでいた。とくに，生産地の農村では収穫・集荷作業の担い手の確保が困難になっている。和菓子原料向けの加工原料についてはその大部分を輸入に依存しているが，和菓子原料向けの生鮮品については品質面から国産品が重要な位置を占めている。その国産原料については，激しい調達競争が繰り広げられており，原料の新たな産地の確保に向けてさまざまな取り組みが実施されている。

第５に，和菓子業界では，良質な国産原料調達の制約などからのブレークスルーのひとつとして，原料調達の地域回帰志向の高まりによって，自社原料生産や自治体・農協と連携した新たな産地形成の取り組みが生まれている。こうした原料調達の地域回帰は，良質な国産原料を必要とする実需者ニーズを背景にした原料調達競争のなかで，今後の展開が注目される。

今後は，本研究の延長で，和菓子業界の構造変化，輸入原料と国産原料の相互関係，国産原料に回帰している和菓子業界に固有の原料ニーズ・消費者ニーズの動向と原料調達メカニズムの解明，原料産地での生産実態のより詳細な把握を行うことが必要である。

注

1）早川（2013）p.11。なお，生菓子，半生菓子，干菓子の製法には，次のものがある（早川　2013，p.12）。生菓子：①もちもの，②蒸しもの，③焼きもの，④流しもの，⑤練りもの，⑥揚げもの。／半生菓子：①あんもの，②おかもの，③焼きもの，④流しもの，⑤練りもの，⑥砂糖漬けもの。／干菓子：①打ちもの，②押しもの，③掛けもの，④焼きもの，⑤あめもの，⑥揚げもの，⑦豆菓子，⑧米菓。
2）藪（2007）pp.3-4。
3）全国和菓子協会に対するヒアリング（2015年７月実施）による。
4）和菓子業界の特徴については，館野（1992）pp.63-66を参照。
5）農林水産省「作物統計」（2015年）による。
6）日本豆類協会よりの提供資料（2017年４月受領）による。
7）日本豆類協会よりの提供資料（2017年４月受領）による。
8）矢野経済研究所（2014）pp.16-20をもとに作成。
9）農林水産省「果樹生産出荷統計」（2016年）による。
10）農林水産省「果樹生産出荷統計」（2016年）による。
11）農林水産省「果樹生産出荷統計」（2016年）による。なお，2006年産クリについては，結果樹面積が２万3,300haであり，反収が99kg，収穫量が２万3,100t，出荷量が１万6,200tとなっている。また，収穫量２万3,100t（100％）のうちの都道府県別収穫量は，１位の茨城県産が4,851t（21％），２位の熊本県産が3,465t（15％），３位の愛媛県産が2,079t（９％），４位の岐阜県産が946t（4.1％），その他が11,759t（51％）である（農林水産省「果樹生産出荷統計」2006年）。
12）その他，笹団子についても同様に，国産原料が不足し，笹を巻く労働力不足が起きている。
13）日本特産農産物協会「特産農産物に関する生産情報調査」（2016年）による。

14）日本型フードシステムと国産原料の特質については，下渡（2003a）pp.23-24を参照。日本の産地の最新動向については，下渡（2018）を参照。
15）国産原料の強みについては，下渡（2004）pp.28-29を参照。
16）森崎（2016）p.293。なお，森崎によれば，ここでの「真正性」とは，「本物らしさ」といったイメージや表象，非物質的な価値を指すとしている（p.289）。
17）森崎（2016）p.293。
18）滋賀県内の和菓子企業によるヨモギ生産の取り組みについては，大仲（2011）pp.42-44を参照および2016年１月に実施した現地ヒアリング調査結果による。
19）岐阜県恵那市内の和菓子企業による長野県飯島町でのクリ産地化の取り組みについては，髙橋・大内（2014）pp.94-96・佐藤（2015）p.6を参照および2015年１月に実施した現地ヒアリング調査結果による。なお，下渡（2003b）による「優れた国産原料に対しては再生産を保証する仕組みを作るなど，原料生産へのインセンティブを高めるための行政，企業，生産者が一体となった取り組みが不可欠である」（p.53）とする指摘は，本調査事例において達成されつつあるといえる。
20）本章の内容の一部は，佐藤奨平「和菓子産業における原料確保の現状と課題―地域回帰行動に注目して―」（2017年度日本地域政策学会全国研究大会農業・農村分科会「地方農産物加工の新展開」，於中央学院大学，2017年７月１日）として報告した。
21）S社の営業活動の展開ときめの細かいマーケティング力については，リレーションシップ・マーケティングの視点から，佐藤奨平「和菓子原料卸売企業におけるマーケティング戦略と課題―S社を事例として―」（2018年度日本フードシステム学会大会個別報告，於東京大学，2018年６月17日）として報告した（報告論文印刷中『フードシステム研究』）。

付記：本章は，佐藤奨平・髙橋みずき・竹島久美子（2018）「和菓子業界における原料調達の特質と課題―原料卸売企業S社からの接近―」『食品経済研究』第46号，pp.25-36をもとに加筆・修正したものである。

参考文献

荒木一視（2013）「和菓子屋さんとローカルフード―伝統食品の製造販売にみる今日の広域食材・食品供給およびご当地性―」『研究論叢　第１部・第２部　人文科学・社会科学・自然科学』第62号，pp.19-35。
早川幸男（2013）『菓子入門（改訂第２版）』日本食糧新聞社（初版1997）。
伊豫軍記（1989）「和菓子産業における商工業組合の現状と課題」日本大学農獣医学部食品経済学科『食品経済の諸問題―学科名変更20周年記念論文集―』，pp.141-155。

森崎美穂子（2016）「伝統的な食文化の真正性と価値付け―和菓子を事例として―」『フードシステム研究』第23巻３号，pp.289-294。
小川真如・竹島久美子・佐藤奨平（2016）「和菓子をめぐる産業構造と地域特性」『会誌食文化研究』第12号，pp.11-18。
大仲克俊（2011）「食品企業の農業参入の目的と経営戦略」『JC総研レポート』第20号，pp.38-45。
佐藤奨平（2015）「地域へ再帰する和菓子製造企業」『日本食糧新聞』第11139号，p.6。
下渡敏治（2003a）「食品産業のグローバル化のもとでの国内農業の課題」『フードシステム研究』第９巻２号，pp.17-29。
下渡敏治（2003b）「食品製造業のグローバリゼーションと国内原料調達」『農業経済研究』第75巻第２号，pp.47-54。
下渡敏治（2004）「国産食材の強みと弱みの展望―輸入調整品との比較において―」『食品経済研究』第32号，pp.21-34。
下渡敏治（2018）『日本の産地と輸出促進』筑波書房。
髙橋みずき・大内雅利（2014）「地域農業の展開と農業・農村の６次産業化―長野県飯島町における農産加工事業を中心に―」『明治大学農学部研究報告』第63巻４号，pp.81-102。
館野貞俊（1992）「和菓子製造小売業」国民金融公庫総合研究所編『日本の加工食品小売業』中小企業リサーチセンター，pp.47-88。
藪光生（2007）「和菓子産業の現況」農畜産業振興機構『砂糖類情報』第124号，pp.3-7。
矢野経済研究所（2014）『豆類生産流通消費事情及び消費展望―公益財団法人日本豆類協会委託調査報告書―』。

（佐藤奨平・髙橋みずき・竹島久美子）

補論

和菓子業界における原料調達の新局面
―栄養成分表示と新たな原料原産地表示の義務化に着目して―

嗜好品である和菓子は消費者ニーズへの敏感な対応と同時に，その店の伝統的な味を守り育てていく必要がある。このため，これまでにない，より高品質な和菓子を生み出す（product out）とともに，顕在化しているニーズへの対応（market in）と，常に美味しさを追求することが求められる。家族経営で製造販売される和菓子のように，顔なじみの常連客に支えられてきた和菓子には，目の前の消費者を裏切らないための技術の継承や，良質な原料の調達が厳しく求められてきた。

とくに，それぞれの店がもつ伝統的な和菓子に対する消費者の声に応え続けることが，新たな和菓子を創り出す上でも前提である。というのも，新たな和菓子が生まれている場合であっても，経営的にみれば，その多くは，従来ある伝統的なまんじゅうやようかん等に支えられているからである。

その意味で和菓子店にとって，味に大きな影響を与える原料の確保は重要であり，その確保があってこそ，これまで常連客や顔なじみの客同士の評判を得ることができる。そして客の評価や客同士の評判は，和菓子店に対して直接言葉にされずとも，購買行為などによって和菓子経営者に把握されてきた。

他方，近年では，消費者がより，自主的・合理的に商品を選択できる社会づくりが進められている。例えば，2009年に内閣府に設置された消費者庁は，消費者の視点から消費者行政を一元的に推進している。とくに，消費者の安全・安心や情報提供に対する要望の高まりを背景に，食品表示をめぐる制度改正が進められている。

表示といえば，和菓子の原料を供給する国内の農業経営者にとっては，特定の産地と品質等の面で結びつく農産物や食品の名称を知的財産として保護する「地理的表示法（特定農林水産物等の名称の保護に関する法律）」（2015年施行）や，第１章でも触れられている「米トレーサビリティ法（米穀等の取引等に係る情報の記録及び産地情報の伝達に関する法律）」（2010年施行）に関心が高いであろう。

この補論では，原料を使う側である和菓子業界の立場から，関心が高い食品表示をめぐる現行施策を取り上げる。具体的には，「食品表示法」（2015年施行）に基づく栄養成分表示の義務化（食品表示基準，2015年４月施行）と，新たな原料原産地表示制度（食品表示基準の一部を改正する内閣府令，2017年９月公布・施行）である。これらの制度は現在，移行期間中であり，栄養成分表示は2020年３月までに，原料原産地表示は2022年３月までに，和菓子業界を含むすべての食品加工業が取り組む義務がある。この補論では，これらの制度が制定された過程の整理[1]や，和菓子業界ならではの課題を踏まえながら，期待や今後の可能性の一端を考察する。

なお，栄養成分表示の義務化や，原料原産地表示制度は，すべての加工食品を対象とするものであるため，米菓や，流通菓子の和菓子もこれら制度の対象となるが，この補論では，製造小売の和生菓子を念頭に置きながら整理・記述している。

第１節　新法「食品表示法」制定の背景と目的

食品表示法が制定される以前のわが国においては，消費者に販売される食品の表示に関する一般的なルールとして，①「食品衛生法」（1947年制定），②「JAS法（農林物資規格法）」（1950年制定，名称は一部改正により「農林物資の規格化及び品質表示の適正化に関する法律」，食品表示法施行に伴い「農林物資の規格化等に関する法律」に変更），③「健康増進法」（2000年制定）――３つがあった[2]。

それぞれの法律は，①食品の安全を目的とする食品衛生法，②品質に関す

表補-1　食品表示法制定以前の表示に関する主な法律

	JAS 法	健康増進法	食品衛生法
所管	農林水産省	厚生労働省	
目的	農林物資の品質の改善	栄養の改善その他国民の健康の増進を図る	飲食に起因する危害発生を防止
表示関係以外	日本農林規格の制定 日本農林規格による格付 など	基本方針の策定 国民健康・栄養調査の実施 受動喫煙の防止 特別用途食品に係る許可 など	食品，添加物，容器包装等の規格基準の策定 規格基準に適合しない食品等の販売禁止 都道府県知事による営業の許可 など
表示関係	製造業者が守るべき表示基準の策定 品質に関する表示の遵守 など	栄養表示基準の策定および当該基準の遵守 など	販売の用に供する食品等に関する表示についての基準の策定および当該基準の遵守 など

資料：筆者作成。

る適切な表示によって消費者の商品選択に役立つことを目的とするJAS法，③国民の健康の増進を目的とする健康増進法――というように，食品衛生法と健康増進法が厚生労働省，JAS法が農林水産省と，異なる所管によって，互いの役割を補う関係にあった（**表補-1**）。

これに対して，消費者行政の観点から，一般消費者の自主的かつ合理的な食品選択の機会を確保するために，食品の表示に関する包括的かつ一元的な制度の検討・創出が行われた（**図補-1**）。表示項目は，従来のJAS法，健康増進法，食品衛生法において一部重複していたが，新たに講じられた食品表示法では，①JAS法由来の品質事項，②健康増進法由来の保健事項，③食品衛生法由来の衛生事項――以上３つの事項から構成される表示項目へと移行した。これに伴い，従来の食品表示に関する法律は，表示についての所管が消費者庁に移行または共管となっている。

新たな制度のポイントは，まず第１に，食品衛生法，JAS法，健康増進法それぞれに基づく表示基準を一本化したことが挙げられる。さらに，従来の制度からの主な変更点は，①栄養成分表示の義務化，②原料原産地表示等のルールの変更，③加工食品と生鮮食品の区分の統一，④製造所固有番号の使

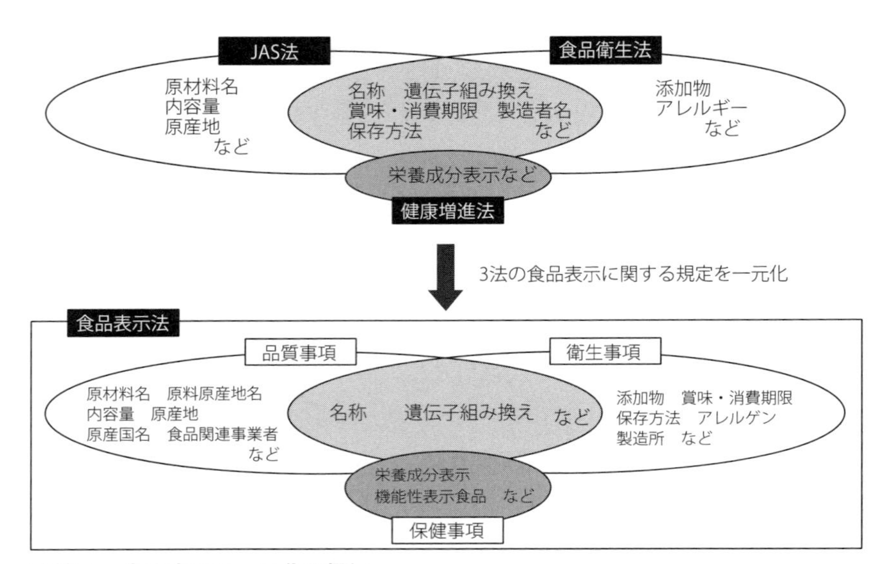

図補-1　食品表示の一元化の概況

資料：筆者作成。

用のルールの改善，⑤アレルギー表示のルールの改善，⑥栄養強調表示のルールの改善，⑦販売の用に供する添加物の表示のルールの改善，⑧通知等に記載されている表示ルールの一部を基準に規定，⑨表示レイアウトの改善，⑩新たな機能性表示制度の創設――である。

さらに，この新たな制度の創出には，①整合性の取れた表示基準の制定，②消費者，事業者双方にとって分かりやすい表示，③消費者の日々の栄養・食生活管理による健康増進への寄与，④効果的・効率的な法執行――への貢献も期待されている。

なお，法律の一元化に当たって，表示基準の整理・統合は，府令レベルで別途実施することとされた。

法律の一元化や表示基準の整理・統合をめぐっては，消費者庁「食品表示一元化検討会」(2011年９月～2012年８月）における包括的な議論を経て，今後の検討課題の洗い出しが行われた。この補論で取り上げる栄養成分表示や原料原産地表示に関しても，この検討会で議論の俎上に載った。とくに原料原産地表示については，結論が出ず別途検討するとされ，消費者庁・農林水産省共催「加工食品の原料原産地表示制度に関する検討会」(2016年１月～12月）を経て，新たな原料原産地表示制度が講じられることとなった。

議論が結論に速やかに至らなかったのは，加工食品の製品数の膨大さという大きな理由に加えて，加工食品の原料が多種多様であり，製造する事業体も多様であるため，事業者に新たに課題が発生する可能性や，実行可能性が懸念されたという背景があった。

また，単に製品品質に関する観点のみならず，政府によって農林水産業の振興施策としての位置づけも打ち出されたため，産業振興としての色合いも濃くなってきたことが，論点を複雑化させている。

以下，栄養成分表示，原料原産地表示について説明した後，和菓子業界ならではの新たに発生する課題を指摘する。

第２節　加工食品の栄養成分表示の義務化

栄養成分表示の義務化は，消費者に販売される容器包装に入れられた加工食品と添加物に対して，義務づけられている（**表補-2**)。表示する義務がある栄養成分等（表示の区分：義務表示）は，①熱量，②蛋白質，③脂質，④炭水化物，⑤ナトリウム（食塩相当量で表示）――の５つである。積極的に表示するよう努めなければならない栄養成分等（表示の区分：推奨表示）は，①飽和脂肪酸，②食物繊維―の２つ，その他の任意で表示する栄養成分等（表示区分：任意表示）が①n-3系脂肪酸，②n-6系脂肪酸，③糖類，④糖質，⑤コレステロール，⑥ビタミン・ミネラル類――の６つである。

さらに，前節で食品表示法のポイントとして挙げた⑤アレルギー表示のルールの改善，⑥栄養強調表示のルールの改善，⑦販売の用に供する添加物の表示のルールの改善，⑨表示レイアウトの改善，⑩新たな機能性表示制度の創設――などの制度の整備とセットで講じられることで，より消費者にとっ

表補-2　食品表示法に基づく栄養成分表示における栄養成分と食品別にみた表示の義務

栄養成分	加工食品		生鮮食品		添加物	
	一般用	業務用	一般用	業務用	一般用	業務用
熱量，たんぱく質，脂質，炭水化物，ナトリウム（食塩相当量で表示）	**義務**	任意	任意	任意	**義務**	任意
飽和脂肪酸，食物繊維，n-3 系脂肪酸，n-6 系脂肪酸，コレステロール，糖質，糖類，ミネラル・ビタミン類	任意	任意	任意	任意	任意	任意

注：義務の欄に該当する場合でも省略できる場合がある。具体的には，本文を参照。

て誤解が生じにくい表示のルールづくりが進められた。

栄養成分の表示が義務化されることは，消費者の食品選択の容易さや，日々の栄養・食生活管理による健康増進へ寄与する。栄養成分表示の検討に当たっては，こうした消費者における表示の必要性（国民の摂取状況や，生活習慣病との関連など）に加えて，国際的整合性や，事業者における表示の実行可能性も勘案して基準が設定された。

国際的整合性は，WHO（世界保健機関）とFAO（国際連合食糧農業機関）が設置した国際的な政府間機関であるコーデックス委員会（国際食品規格委員会）の栄養表示ガイドラインやWHO「食事，身体活動，健康に関する世界戦略」などとの整合性が図られている。

事業者は，消費者庁「食品表示法に基づく栄養成分表示のためのガイドライン」等を活用して，適切な栄養成分表示に努める必要がある。

栄養成分の表示値の設定に当たっては，分析値に加えて，計算値，参照値，またはこれらの併用値を用いることができる。

分析値とは，公定法により分析した栄養成分の値であり，自社や信頼できる分析機関で分析して得られる値である。

計算値とは，公的なデータベース等に示されている原料の栄養成分や，原料の製造者から提供されたデータに基づき算出される値である。

参照値とは，公的なデータベース等を基に栄養成分値を類推して導かれる値である。また，表示する食品に関する過去の分析結果を参照して導かれた表示値は，参照値となる場合がある。

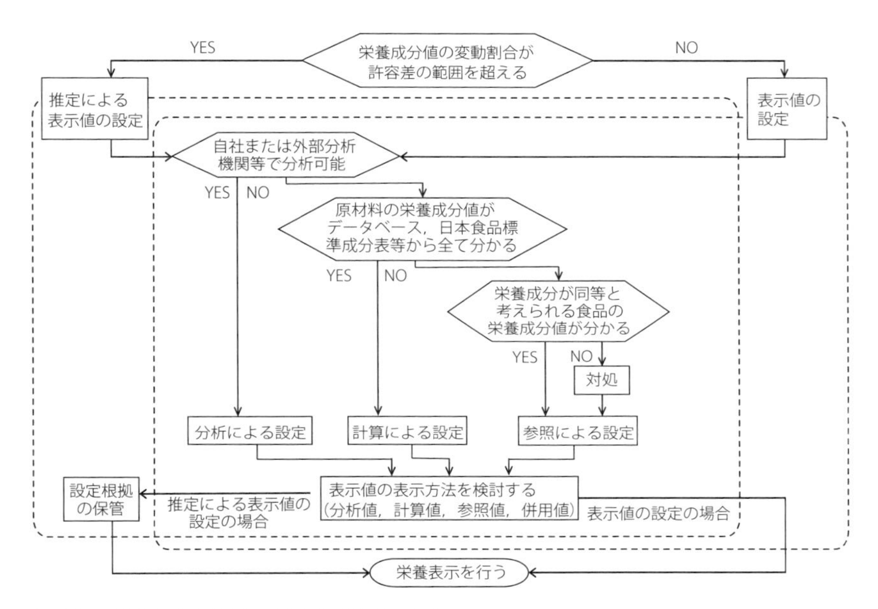

図補-2 栄養成分表示の表示値設定のフロー

資料：消費者庁「食品表示法に基づく栄養成分表示のためのガイドライン」（第1版，p.4）の図を筆者が一部改変して筆者作成。

いずれの方法でも，結果として表示された含有量に合理的な根拠があれば，表示することが可能である。表示値には許容値が設けられており，分析値がこの許容値の範囲外となった場合には，食品表示基準違反となる。

ただ，同じ食品の場合でも栄養成分は，使う部分や時期等の自然要因や，製造時や輸送・保管時等の人工要因に影響を受ける。このため，栄養成分値の変動割合が，許容差の範囲を超える場合には，推定による表示値の設定が認められており，事業者の実行可能性について一定程度配慮された制度となっている。

各事業者が取り組む必要がある表示値設定について，**図補-2**にフローを示した。推定によらない場合も，推定による場合も，自社または外部分析機関等での分析などの対応が求められる。原料に地方特産品等の特殊なものが含まれる場合のように，栄養成分を調べるためのデータベースがない場合には，分析に基づく参照値を表示することもできる。なお，成分値と表示値との差が認められる場合には，計算値や参照値を示している旨も表示することが望ましい。また，推定による場合には，表示値の根拠となる資料を，製品の賞味（消費）期限が終了するまで事業体が適切に保存しなければならない。

以上のように，事業者は栄養成分の表示に向けた対応が求められている。なお，栄養成分の参照値の表示に関わる分析費用が大きな負担となってしまう小規模事業者に関しては，消費税法第９条が規定する小規模事業者（課税期間の基準期間における課税売上高が1,000万円以下の事業者）の場合，栄養成分表示の省略が認められている。また，当分の間は，概ね常雇の従業員数が20人（商業またはサービス業に属する事業を主たる事業として営む事業者は５人）以下の事業者も省略することが認められている。

このほか，栄養成分表示を省略できるケースとして，①容器包装の表示可能面積が概ね30cm^{2}以下である食品，②酒類，③栄養の供給源としての寄与の程度が小さいもの，④きわめて短い時間で原料が変更されるもの――がある。ただ，可能なものはできるだけ栄養成分を表示することが望まれるほか，上記のケースに該当する場合でも特定保健用食品と機能性表示食品は，栄養成分を表示する義務がある。

第３節　すべての加工食品の原料原産地表示の義務化

日本において，加工食品の原料原産地表示の義務化が進んできた過程を**図補-3**に示した。

日本では，2000年代から加工食品の原料原産地表示の義務化が進んできた。この背景には，日本における原料調達先の多様化やグローバル化の進展に加えて，食品品質への消費者の関心の高まりがある。さらに，原料原産地で商品の差別化を図る加工食品では，消費者に原産地の誤認を与えるような表示が行われるケースがあり，これが問題視されていた。

生鮮食品の原産地表示が2000年７月から義務づけられていた一方で，加工

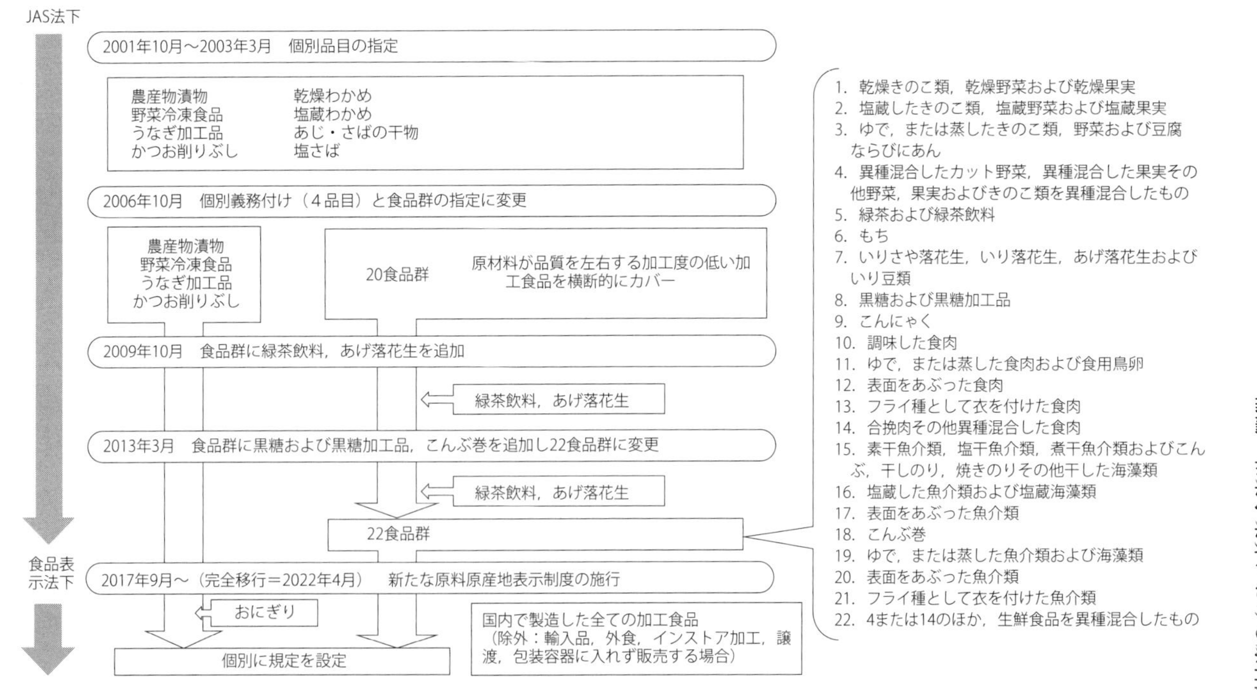

図補-3　日本における加工食品に関する原料原産地表示制度の変遷

資料：筆者作成。

食品には原料原産地表示が義務づけられていないことが問題視されていたことを背景に，一部の加工食品（梅干し，らっきょう漬け）の原料原産地表示（品質表示基準施行：2000年12月，義務化：2001年10月）が行われた。これを皮切りとして対象品目が順次設定されたほか，2004年9月の品質表示基準改正によって原料原産地表示のルールが取り決められてきた。

直近では，加工食品のうち22食品群と4品目についてのみ原料の産地表示が義務づけられていた。これらは，原産地に由来する原料の品質の差異が，加工食品の品質に大きく反映されると一般的に認識されている加工食品である。対象となる加工食品は，商品数にして全加工食品の1割程度であった。また，表示義務の対象は，製品の原料のうち，単一の農畜水産物の重量の割合が50％以上である商品とされていた。

従来の加工食品の原料原産地表示制度のもとでは，自主的に何らかの産地表示がされている加工食品は加工食品全体の約16％と少ない一方で，加工食品を購入する際に原料原産地名を参考にする消費者は約77％，産地情報を入手する手段として食品表示の確認を挙げた消費者が約93％と，原料原産地表示に関する消費者の関心が高い状況があった[3)]。

このような状況の中で，同時期に，環太平洋経済連携協定（TPP）をめぐる議論でも原料原産地表示制度が取り上げられた。すべての加工品への原料原産地表示の導入に関しては，TPP総合対策本部「総合的なTPP関連政策大綱」(2015年11月決定）や「日本再興戦略2016」(2016年6月閣議決定)，「未来への投資を実現する経済政策」(2016年8月閣議決定）のほか，農林水産業・地域の活力創造本部（本部長＝内閣総理大臣）「農林水産業・地域の活力創造プラン」にも2016年11月改定時に盛り込まれた。

「農林水産業・地域の活力創造プラン」の2016年11月改定において，政府は具体的な輸出戦略と農業競争力強化プログラムを加え，日本農業の競争力強化を謳っている。すべての加工食品の原料原産地表示は，「更なる農業の競争力強化のための改革」として，以下のように位置づけられている。

「農業者の所得向上を図るためには，農業者が自由に経営展開できる環境を整備するとともに，農業者の努力では解決できない構造的な問題を解決していくことが必要である。このため，生産資材価格の引き下げや，農産物の流通・加工構造の改革をはじめとして，土地改良制度の見直し，**全ての加工食品への原料原産地表示の導入**等，生産から流通・加工，消費まであらゆる面での構造改革を進め，更なる農業の競争力強化を実現する。」（農林水産業・地域の活力創造本部「農林水産業・地域の活力創造プラン」（2016年11月29日改訂）p.12より引用。下線強調は筆者）

原料原産地表示をめぐっては，従来，原料が製品品質を左右するような，加工度の低い加工食品が対象であった。この際，消費者にとっては原料原産地の情報について表示に頼らざるを得ないという点や，誤認を招く等の分かりづらい表示があったことを解消するためという，消費者の視点からの政策という性格が強かった。新たな原料原産地表示制度においても依然として目的は「消費者の自主的かつ合理的な選択機会の確保に資するよう，可能な限り産地情報を充実することが望ましいという観点を基本とし」ており，すべての加工食品を対象とすることについても消費者への情報提供の観点からと位置づけている。

さらに原料原産地表示制度には，近年，官邸主導型の農政改革の下，急進的に，日本農業の構造改革の一端を担う制度としての位置づけが加わっており，その性格が強まってきているといえる。このことは，新たな原料原産地表示制度の目的には明示されていないため，原料原産地表示制度そのものについては，消費者の視点からの政策という性格が堅持されているという一定の評価ができる。しかし一方で，政策決定の背景や制度の性格が，国内農業に対する産業政策の一端としての性格を帯るものへと変化しつつあるため，国内農産物を原料とする加工食品の製造事業者においては，今後の農業政策の方向性にも留意しておく必要があるだろう。

以下，新たな原料原産地表示制度の内容を具体的にみていこう。

新たな原料原産地表示制度は，消費者への情報提供を目的として，国内で製造されたすべての加工食品を対象に，原料に占める重量割合が最も高い原料（重量順位第1位の原料）の産地表示を義務づけている。また，重量割合が上位2位以降の原料も，事業者が自主的に原料原産地表示を行うことができる。なお，これまで原料原産地表示の対象であった4品目と22食品群には個別に原料原産地の規定を設けているほか，新たな個別対象として「おにぎり」ののりが加えられた。

表示する場所は，一般用加工食品の場合，容器包装に原料原産地名欄を設けて，原料名に対応させて原料原産地を表示するか，原料名欄に表示してある原料名に対応して原料原産地を括弧で括って表示する必要がある。

2017年9月における原料原産地表示制度の主な改正点は，①改正前の表示方法であった国別重量順表示を原則としつつ「又は表示」や「大括表示」が可能になったこと，②表示が義務づけられる対象をすべての品目に拡大したこと——の2点である。

原則となる国別重量表示は，原料の使用割合の多い順に読点「,」でつなぐ表示で，3カ国以上の場合には3カ国目から「その他」と表示することができる。新たな原料原産地表示制度では，この国別重量表示を原則としつつも，困難な場合として，以下の4つの例外表示が新たに導入された。

① 「製造地表示」

原料が加工食品の場合，中間加工原料の製造地を表示する。

② 「又は表示」

原料の産地が2カ国以上で切り替わる場合，過去の使用実績などを基に使用割合の多い順に「又は」でつないで表示する。

※ 3カ国以上の場合は，3カ国目から「その他」と表示可能である。

③「大括り表示」

原料の産地が２カ国以上で切り替わる場合で，かつ順位が変動する場合には，３カ国以上の外国産の原産地表示を「輸入」と括って表示する。

※国産原料も混合する場合は，輸入品と国産品の重量割合の高いものから順に表示する。

④「大括り表示＋又は表示」

３カ国以上の外国産の原産地表示を「輸入」と括って表示するとともに，国産を含む原料の切り替えがあるために，大括り表示のみでは表示が困難な場合,「輸入」と「国産」を「又は」でつないで表示する。

※輸入品と国産品の重量割合の高いものから順に表示する。

次に，国別重量表示に４つの例外表示を加えた５つの表示パターンのうち，原料原産国が具体的に表示されるかどうかに着目して整理しよう。

まず,「製造地表示」では中間加工原料名の後に「国内製造」や「A国製造」と明記されるが，これのみでは原料の産地が分からない。

このほかのケースでは，原料の産地は分かるが，輸入先の国が３カ国以上の場合には，国別重量表示や「又は表示」では３カ国目以降が「その他」で表示される可能性があるため，具体的な国名までは分からない。さらに,「大括り表示」や「大括り表示＋又は表示」では，原産地について輸入と国産の別までしか分からない。

つまり，消費者にとってみれば,「製造地表示」を除くと，重量順位第１位の原料の原産地について，少なくとも輸入か国産かという違いまでは最低限分かるということである。

それでは，消費者にとってみれば，国産か否か，あるいは輸入先の国名といった国レベルの原産地までしか分からないかといえば，実は原料が生鮮食品である場合には事業者がさらに細かく表示することも可能となっているため，事業者の対応次第では特定の地域産であることが分かる場合がある。例えば，国産原料が生鮮食品の場合には，国産である旨（国産，日本，日本産，等）に代えて，地域名などを表示できる。具体的には，農産物の生産地，畜産物の主たる飼養地，水産物の水域名，水揚げ港，養殖地が属する都道府県名その他一般に知られている地名を表示できる。

原料原産地表示では国産原料について国産である旨の表示が原則であるため，「国産」よりも狭く限定され，かつ一般に知られている地名であれば用いることができる。したがって，原料原産地の地名を製品の魅力や品質の裏付けとして訴求する場合には，より限定的な地名で，かつ一般に知られている地名であることが望ましいと考えられる。

ただし，農産物の不作や為替の変動によって原料の調達先を変更する場合には，表示内容を改める必要があるため，安定的な調達が十分に見込めなければ，表示内容の変更による事業所の負担が発生するリスクが大きくなる。なお，大規模な自然災害の場合には，東日本大震災（2011年）や熊本地震（2016年）の際に食品表示基準の衛生事項以外が取り締まりの対象外とされた前例もあることから，今後も状況次第では同様の対応がとられると考えられる[4)]。

このほか，中間加工原料の製造地を表示する場合，加工原料の製造地または生鮮原料まで遡った産地を表示することができる。例えば，重量順位第1位の原料がつぶあんである和菓子の食品表示で，つぶあんについて「つぶあん（A国製造）」または「つぶあん（砂糖（さとうきび（国産），小豆，水あめ））」という表示が想定される。なお，加工原料の製造地または生鮮原料まで遡った産地以外の段階での製造地表示は認められていないため，「つぶあん（砂糖（国内製造））」という表示は不適切となる。

さらに中間加工原料が国産品の場合には，国内製造である旨に代えて，「国産」よりも狭く限定され，かつ一般に知られている地名であれば，地域名などを表示することができる。

また，業務用食品については，最終製品の原料原産地表示の正確性を確保するために，製造業者は取引先に産地情報を伝達する義務が追加された。具体的には，加工食品の場合に原料原産地情報または原産国情報，生鮮食品の場合に原産地情報を表示する。業者間取引であるため，包装容器に限らず，送り状や納品書などによる表示も認められている。

以上のように，事業者はすべての加工食品について原料原産地の表示が義務づけられており，国別重量表示を原則として４つの例外表示，国産原料の生鮮食品についてはどのような原産地名とするか，といった具体的な表示内容について対応の検討・実施が求められている[5)]。

なお，新たな原料原産地表示の対象とならない加工食品には，①外食，②食品を製造し，または加工した場所で販売する場合，③不特定または多数の者に譲渡する場合，④容器包装に入れずに販売する場合――がある。また，容器包装の表示可能面積が概ね30cm²以下の場合には，原料原産地表示を省略することができる。なお，新たな原料原産地表示の対象とならない原料として，米トレーサビリティ法または「酒税の保全及び酒類業組合等に関する法律」の規定に基づき，重量割合上位１位の原料の原産地が表示されている場合には，食品表示法に基づく原料原産地表示制度の規定が適用されない。

このほか，第１章で取り上げられている柏もちの「柏の葉」のように，通常そのものを食さないものについては，表示義務の対象に該当しない。

第４節　和菓子業界ならではの課題

まず，栄養成分表示に関する主な課題は，何よりも事務負担の増加である。家族経営などの零細事業者が多い和菓子業界では，表示に関わる人員確保が難しい。とくに制度の理解や，表示値の設定に関わる負担が大きい。

また，和菓子を製造する零細事業者は，製造する商品については十分な知識を有する一方で，栄養成分やその数値については十分な知識があるとはいえず，公的データベースを使った場合でも複雑なデータから正しい数値を得ることはほとんど不可能である。また，和菓子特有の原料も多く，公的データベースが十分に活用できるかという課題もある。

このほかに，零細事業者の場合の特徴には，少量多品種生産が主であり，かつ，季節ごとに製造する商品が異なるという点がある。さらに，気温や湿度等の変化，原料の乾燥具合などの状況によっては，原料の配合を変更することも日常的に行われており，こうした細やかな対応も職人の技の一つである。日々，新たな和菓子も生まれるなど，商品数が多数であるため，それら一つ一つの栄養成分を明らかにするのには，多大な費用と時間，事務量が必要となるほか，多種類の包装資材を用意しなければならない可能性もある。

栄養成分表示に関しては，経営ごとの個別対応が基本となるが，経営単位では限界があり，分析機械の開発や分析機関との連携，和菓子専用のマニュアル策定等，業界全体として表示値の設定への対応を図っていく必要がある。このため，全国和菓子協会では，全国菓子工業組合連合会，日本洋菓子協会連合会，全日本洋菓子工業会，全日本菓子協会などとともに，製造小売を中心とした菓子業者のために，計算値で栄養成分が算出できるソフトの開発等に取り組み，家族経営などの零細事業者でも少ない負担で栄養成分表示が可能となるよう準備を進めており，順次試行や導入・普及を進めている。

次に原料原産地表示に関する主な課題は，次の通りである。

和菓子はこれまで原料原産地表示の対象品目ではないため，原料の産地や使用割合を表示する義務はなかった。原料原産地の表示義務があるケースとしては，原料の品種名や産地を表示する場合であり，品質表示基準が定める強調表示に該当するため，使用割合が100％でない場合には，強調表示した原料の使用割合を表示する必要があった。

新たな原料原産地表示制度では，すべての加工食品が対象であるため，和菓子も対象となる。例えば，食品表示に関して，一般的な「もち」（**図補-3**に示した22食品群の一つでもある）と和菓子との間には線引きがあり，桜もちや団子，あんこが入った草もち等は，「もち」には含まれないという扱いは継続し，和菓子は新たに原料原産地表示の義務対象となる。

詳しくいえば，**図補-3**に示した22食品群の一つの「もち」とは，もち米のみ，またはもち米に米粉，とうもろこしでん粉等を加えて製造，包装した，製品の重量に占めるもち米の割合が50％以上の，まるもち，のしもち，切りもち，鏡もちなどが該当する。草もち，豆もちのように，よもぎや豆を練り込んで製造されたもちも，あんや砂糖を加えていなければ該当する。一方，原料および添加物に占めるもち米の重量の割合が50%に満たないものは該当しないほか，あんを加えたもの，砂糖等で調味しているもの（みたらし団子，白玉団子，大福もち，桜もち，柏もち，など）は，和菓子の範囲とされ，**図補-3**に示した22食品群のなかの「もち」に該当しない。

また，和菓子には，米を主に用いるものも多いが，米が重量順位第１位の原料である場合については，本章第２節で示したように原料原産地表示の規定適用外となるため，従来の米トレーサビリティ法に基づいて産地情報を伝達する。米トレーサビリティ法では，和菓子に関わるものとして，米菓生地などの原料，もち，だんご，米菓が対象に含まれている。そして，米トレーサビリティ法では，食品表示法による産地表示の規定が適用される場合，食品表示法に従うよう規定されている。なお，原料および添加物に占めるもち米の割合が50%以上であり，**図補-3**に示した22食品群の一つの「もち」に該当する場合は，米トレーサビリティ法の対象外とされているので，引き続き食品表示基準に定められた表示を行う必要がある。

以上のように，米に関して，従来の原料原産地表示制度（22食品群の一つの「もち」に該当する場合）と米トレーサビリティ法，どちらに基づいて原料原産地表示をするかは，従前通りの対応が基本となる。従来の原料原産地表示制度と米トレーサビリティ法の双方に該当しない場合（すあま，ういろう，ゆべし，など）には，新たな原料原産地表示制度によって初めて原料原産地表示への対応が義務づけられることになる。同じ米を原料とする場合であっても製品ごとに，どの制度に基づいて原料原産地表示をする義務があるかを整理し，対応していく必要がある。

原料原産地表示への全般的対応に関しては,「原料名（国産）」,「原料名（日本）」,「原料名（日本産）」等のように国産である旨や，輸入物である場合には「原料名（A国）」,「原料名（輸入）」,「原料名（輸入又は日本）」等が基本となるが，原料の農産物が国産の生鮮品である場合には，国産よりも狭く限定された地域名を表示することもできる。国産よりもより限定された有名産地を表示することは，製品品質に対する信頼確保や，製品のブランド化につながるが，不作などで仕入れ先を他産地に変更する必要が生じた際には，表示も改める負担が発生してしまうリスクがある。

このほか，すでに，原料原産地のPRによって製品品質の確保を消費者に伝えたり，製品のブランド化につなげてきた事業者の場合，これまでの表示の仕方によっては，原料原産地表示の義務化とルールの統一により，厳密な表示への改善が求められることになる。主な原産地からの調達に加えて，国内他産地や輸入によって原料の安定調達を図っていた場合には，原料原産地として，「国産」または国内地域名を明記したり，「輸入」または産地国名を明示したりする必要がある。この際，従来の表示で得られていた消費者の信頼を継続して確保していくための取り組みが課題となる。

以上，栄養成分表示と原料原産地表示の義務化に関して，和菓子業界ならではの主な課題を指摘した。それぞれ表示に関わる負担は大きいが，現状の経済状態から考えると，その負担に関わる経費を売価に転嫁することは困難で，経営に多大な負担を強いることになり，経営継続を困難にする可能性も考えられる。

また，和菓子店は，限定された地域の中で，それぞれの技術を生かして，地域の食文化や和菓子の供給に努力して地域経済や国民生活に大きな役割を果たしている。とくに製造小売の和菓子店では，消費者と向き合って信頼関係を築きながら，技術を高めてきた。製造小売の和菓子店から大手メーカーや流通菓子の和菓子製造企業までを幅広く制度対象に含む画一的な表示制度の義務化は，消費者に情報提供して信頼関係を築く大きな意義があるが，限定された地域の中で経営を行う零細事業者にとっては負担が過大となっているともいえる。さらに表示のルールの複雑さも相俟って，経営意欲が失われることが危惧される。

このような課題があるため，和菓子業界としては，法の遵守に加えて，業界全体として個別経営からの相談や問い合わせに対応できる体制を早急に構築する必要がある。

第５節　和菓子業界ならではの可能性

和菓子業界ならではの可能性として，まず，義務化された表示であっても，これを省略できる事業者が少なくない可能性を指摘しておく。本章第２，３節のそれぞれ末部に記載したように，それぞれの制度には，表示を省略できる場合や，制度の対象外となる場合がある。

和菓子業界では零細事業者が多く，「小規模事業者」や常雇従業員数が概ね20人以下の場合には，栄養成分表示の省略が可能である。また，和菓子の容器包装には，表示可能面積が概ね30cm^{2}以下であるものも多いため，栄養成分表示や原料原産地表示を省略できる対象となる。このほか，製造者と販売者が同一で，同一の施設内，敷地内で製造販売する場合には，原料原産地表示の義務対象とならない。

さらに，予め容器包装されずに販売される場合や，外食の形態では，栄養成分表示，原料原産地表示ともに表示対象とならない。これは，食品表示法以前の，JAS法，健康増進法，食品衛生法と同様の対象範囲である[6)]。

なお，栄養成分表示では，きわめて短い時間で原料が変更されるものも省略できるが，これは弁当や合挽肉などが想定されているものである。和菓子全体や和菓子の種類を一括りにして，多種の和菓子ごとに原料が変化していると見做すことはできず，個々の和菓子ごとに栄養成分表示を行うことが基本的に必要である。

以上のように，製造小売の零細事業者が多い和菓子業界では，栄養成分表示や原料原産地表示が省略でき，手間がかからないケースも少なくない。しかし，一定程度の規模のある和菓子店や，製造，加工する場所以外での販売がある場合など，製造したすべての和菓子に対していつでも表示が必要となる。また，表示を省略できるケースであっても，消費者の視点に立てば，可能な限り情報提供することが望ましい。

つまり，零細事業者が多いとはいえ，和菓子業界においても基本的に栄養成分表示や原料原産地表示を行わなければならない。

それでは，これらの表示を行うことをよりポジティヴに捉えるならば，どのような可能性が描けるであろうか。

まず，栄養成分表示に関しては，原料が多種多様であるため，代表的な原料である小豆に着目してみよう。和菓子の愛好家には，やはり小豆のあんを好まれる方が多いようである。人気の秘密は，独特の風味や味わい，口溶けなどの美味しさであるが，実は小豆は非常に栄養価が高い食品でもある。

小豆の主成分はでんぷんで，蛋白質含量（100g中）は，大豆の約35gと比較して約20gと少ないが，大豆に引けを取らないアミノ酸の組成をもつ良質な蛋白質を含む。とくに必須アミノ酸に関しては，含量のバランスを最高値100として評価した値「アミノ酸スコア」が82であり，例えば米の65や小麦の42と比較すると高い値である。

また，小豆にはビタミンB1，B2，B6などのビタミン類や，微量ながらもビタミンE，ナイアシン，葉酸も含まれる。このほか，ミネラルとしてカリウム，カルシウム，鉄分，亜鉛などが豊富であり，例えば鉄分はホウレンソウよりも重量当たりの含量が多い。このほか，食物繊維は重量当たり含量でゴボウの約３倍であるほか，ポリフェノール，サポニン，ビフィズス菌の働きを活発にするラフィノース，スタキオースといった物質も含む。

以上のように小豆のみを取り上げても，多種多様な栄養成分が含まれている。同じく豆類で白あんの原料であるいんげん豆も，ミネラルが小豆よりも多いなど，原料ごとに特徴がある。また，小豆と並び寒天も和菓子の代表的な原料であるが，寒天は周知の通り，食物繊維含量が食品の中でもトップクラスであり，かつ，水溶性食物繊維と不溶性食物繊維を両方含むため食物繊維の摂取に適している。

このような栄養成分の表示は，それぞれの栄養成分のもつ機能に対する知識・理解のある消費者にとって商品選択の判断材料となるなど，国民の健全な生活を支える一助となる。これまで，和菓子業界において和菓子のもつ栄養成分の特徴や強みの訴求は，一部の事業者による自主的な取り組みに限られていたが，栄養成分表示の義務化をきっかけに，消費者への情報提供を増やすことも販売促進の一つの重要な方向性となりうる。また，栄養成分の面で実は高く評価できるものの，これまでその価値が事業者や消費者から認識されてこなかったような和菓子の発見・再評価も期待される。

原料原産地表示については，原料が国産物か輸入物か消費者にすぐ伝わるという点を生かすならば，良質な国産原料を活用している和菓子事業所にとっては強みとなる。さらに，国産原料のうち生鮮食品原料は，国産よりも狭く限定され，かつ一般に知られている地名での表示も可能であるため，都道府県名のほか，「九州産」，「関東産」といった範囲も可能である。地方ブロック名以外にも，一般に知られている旧国名や，旧国名の別称（「信州」，「甲州」など），地域名（「房総」など），群名，島名などは表示可能である。このような原料原産地表示は，和菓子の営業や販売にも生かされることが期待される。各地域に根差した和菓子店や，観光土産物として販売する和菓子に，地場産原料を十分に使用して表示すれば，和菓子から想起される地域のイメージをさらに膨らませることができよう。

同様に，中間加工原料についても，製造地が国内である場合には，国産よりも狭く限定され，かつ一般に知られている地名での表示も可能である。また，業務用加工食品の原料の表示について，生鮮食品の状況まで遡って表示する場合には，業務用加工食品の製造業者とその旨を合意し，情報提供を受けた上で，国産よりも狭く限定され，かつ一般に知られている地名での表示が可能である。和菓子の場合には，中間加工原料の品質が重要であることや，和菓子店のなかには中間加工原料を製造して他の和菓子店に販売する場合もあるため，中間加工原料についても，どのような表示の仕方を行うか検討事項となる。

食品製造業界全体でみてみると，原料原産地表示を営業や販売戦略に生かせると考えているものが半数に上っている。これは，日本政策金融公庫農林水産事業が，食品製造業者1,695社を対象とし，2017年７月に実施した「平成29年上半期食品産業動向調査」の調査結果である（郵送による配布・回収。調査対象＝全国の食品関係企業7,027社。有効回収数＝全体2,571社，回収率36.6％のうち，製造業の1,695社）。

この調査結果によれば，食品製造業者の約５割が，原料原産地表示をすでに実施しており，「現在対応中である」と「実施していないが，今後実施予定である」を合わせると約９割を占めた。売上高階層別では，売上高が小さい階層ほど，すでに原料原産地表示を実施している割合が大きいことも分かった[7)]。

また，原料原産地表示を営業・販売戦略に活かせるかについては，「大いに活かせる」と「活かせる」が合わせて約５割であり，743社であった。この743社に活用方法を尋ねた項目では，「商品PR」が最も多く60.8％であり，「競合他社商品との差別化」が57.3％であった。

とはいえ，原料原産地表示を営業・販売戦略に「あまり活かせない」，「活かせない」と回答した企業は493社あり，「効果が期待できない」，「営業販売戦略との関連性が乏しい」，「表示のためのコストが増加するだけ」，「表示のための工程が増加するだけ」という評価もあった。原料原産地表示の実施に関わる課題については，全体の約４割が「商品パッケージの変更（デザインやレイアウト等）」と回答しており，とりわけ売上高が５億円未満の階層では５割以上が商品パッケージの変更が課題と回答した。規模が小さな企業をはじめ，原料原産地表示への対応が負担になることが，改めて浮き彫りとなった結果となっている。

原料原産地表示への対応は負担が大きいことには間違いないが，食品製造業全体の動向も踏まえると，営業や販売戦略に生かすという可能性も一つの方向性として考えられる。食品製造業全体と同様に和菓子業界では，品質重視の原料調達を基軸としながらも，原料原産地表示を追い風と捉えることで，今後の新たな経営戦略に生かす可能性が広がってきているといえる。

第6節　和菓子業界における原料調達の一展望
—国内農業との新たな連携や連携強化—

この補論では，一般消費者向けの加工食品の栄養成分表示義務化，および加工食品の原料原産地表示義務化を中心に取り上げてきた。いずれの制度も，2018年現在，移行期間中であり，表示を省略できない事業者の場合には，制度への対応を準備する必要がある。また，いずれの表示の義務化においても，省略できるケースがあるが，消費者への情報提供の観点からは，できるだけ多くの栄養成分や原料に関する表示を行うことが望ましい。

消費者にとってみれば，今後，加工食品を手に取った段階で，栄養成分や，輸入物と国産の選択肢について，容易に確認できるようになる。このことは，国民全体の健康増進の向上や，原料・品質に対する意識を高めることに寄与すると考えられる。他方で，実際に表示を行う事業者にとっては，栄養成分表示に関わる表示値や，原料原産地表示を具体的にどのように行うかが課題となる。とくに原料調達先の多様化や，製品寿命の短い加工食品の表示については，その負担は大きい。

和菓子の場合には，伝統的なようかんやまんじゅうなどの極めて製品寿命が永いものがあり，原料調達の厳選の過程で，同一の地域からの原料調達を継続している場合が少なくない。このため，表示に関わる負担は少ないともみることができるが，零細事業者が多く人員に余裕がない場合が多いほか，原料によっては国産物と輸入物を切り替えたり，新たな製品開発も多かったりするため，和菓子業界においても表示への負担が大きな課題である。とくに，原料調達先の変化の仕方によっては，その都度に表示に関わる負担が発生する可能性もある。

このように，表示に関わる負担が発生・増大する反面，栄養成分表示や原料原産地表示を製品のPRに生かすということも考えられる。

嗜好品である和菓子の原料調達は，何よりも品質が優先されるため，十分な量を安定的に調達できる関係性を求めるならば，農業との連携，とりわけこれまで良品質な原料生産で知られてきた産地での生産者や生産組織の囲い込みも激しくなる可能性がある。また一方で，これまで良品質な原料生産として知られていない産地で，いきなり和菓子の原料生産を行うことも困難であろう。とりわけ事業所周辺の地域農業での原料調達にこだわってしまえば，実行可能な地域はかなり限定されてしまう。しかし，その分だけ，高品質・安定供給が可能な農業者や地域農業と和菓子産業との十分な連携，また和菓子事業者による農業参入等の模索には，これに努めていくだけの価値があるとも評価でき，将来に向けた経営戦略の一つの方向性として可能性が広がっているといえる。

このような取り組みをすでに行い，良質な原料を調達する生産地と密接な関係を築いてきた和菓子経営や，事業者周辺の地域農業と連携を行っている和菓子経営においては，より緊密な連携強化に結びつく可能性がある。この際，原料原産地を消費者への情報提供とともにすでにブランドイメージが確立している和菓子経営や和菓子については，より厳密な表示が求められることになる。原料調達を一部地域では賄いきれず，他産地からの原料も調達する場合も多いと考えられるが，従来の情報提供のあり方が不十分であった場合，消費者にとってこれまでのブランドイメージを損なう可能性がある点にも注意が必要であり，適切な対応が求められる。

さらに，農業に関していえば，昨今の原料原産地表示をめぐる議論の過程は，原料原産地表示が従来もっていた製品品質に関する情報提供という役割を堅持しつつも，日本農業の構造改革の一端としての性格も色濃くなってきていることを指摘した。加工食品事業者による原料原産地表示は，日本農業の競争力強化といった面まで期待されているわけであるが，義務表示への対応という加工食品事業者の純然たる負担によって賄われるという状況になると想定される。消費者行政と農政との狭間において，加工食品事業者のみに負担が発生・集中しているわけであるが，近年，急進的に取り決められたルールであり，それぞれの政策の論理的な結びつきについては，制度全体の体系のあり方も含めて疑問が残る。かりに，原料原産地表示がもつ，日本農業の構造改革の一端としての性格が，さらに色濃いものになる可能性を想定するならば，加工食品事業者としてもこれに応じて原料原産地表示制度に対する認識を，「消費者行政としての原料原産地表示」から「消費者行政・農政としての原料原産地表示」や「農政としての原料原産地表示」へと軸足を移すための準備が必要となる。

同時に，食品表示には，消費者が情報を得るメリットに加えて，農業者が国産や地域産をPRできる可能性もあるといえる。このため，農業者に事業者の負担を理解してもらうよう促したり，連携したりしていくことも今後の課題となる。とくに和菓子業界は，高品質な和菓子を消費者に提供している。農業との連携を強化することは，高い品質を裏付ける適切な表示を通じて，農業活性化や和菓子産業の活性化も含めて，農業，和菓子事業者，消費者の三者それぞれにメリットが生まれる可能性がある。この際，農村部の和菓子店が周辺農業との連携をするならば，その土地その土地に根差した代表的な地域産業である和菓子産業が，地場産原料を通じて地域と結びつくという新たな地域再生の局面も一つの方向として期待される。そこでは，単なる原料調達のみならず，原料原産地を付加価値とした新たな和菓子が生まれる可能性もある。また，食育などでの教育資材としての和菓子の役割も今後期待が高まると考えられる。

これまで和菓子文化は，鉄道の開通による土産物としての発達にもみられたように，社会や経済の状況によっても発展を遂げてきた。この補論で取り上げた栄養成分表示や原料原産地表示の義務化に関しても，例えば農業との連携を考えた時，実行可能な事業者，地域は相当限定されるとは推察されるが，これに対応する事業者の姿のあり方によっては，新たな和菓子文化を創出するきっかけになるといえる。

注

1）制度をめぐる状況の整理は，消費者庁「栄養成分表示調査会」資料をはじめ，消費者庁「食品表示一元化検討会」資料，消費者庁「食品表示基準Q＆A」（第

4次改正)，農林水産省・消費者庁「加工食品の原料原産地表示制度に関する検討会」資料，農林水産省「新しい原料原産地表示制度—事業者向け活用マニュアル—」，農林水産業・地域の活力創造本部「農林水産業・地域の活力創造プラン」(2016年11月29日改訂）などの関連資料に基づいている。

2）このほか，公正な競争の確保によって一般消費者の利益の保護を目的とする，公正取引委員会所管の「景表法（不当景品及び不当表示防止法)」(1962年制定）や，経済産業省所管の「計量法」(1992年制定）などがある。ただ，これらは食品に限らない商品全般を規制対象とするものである。食品表示のルールに限定すると，これら3法が表示制度に関わるものであった。

3）農林水産省・消費者庁「加工食品の原料原産地表示制度に関する検討会」資料を参照。

4）消費者庁「食品表示基準Q＆A」(第4次改正）p.66を参照。

5）本文では割愛したが，原料が輸入品の水産物の場合は，原産国名に水域名を併記することも可能である（水域名のみの表示は，国産である旨を示すことになるため認められない)。

6）予め容器包装され，製造場所で販売されるものについては，JAS法では義務なし，健康増進法では任意，食品衛生法では義務あり，というように対象となる食品の範囲に違いがある。

7）この調査結果における売上高の階層は，5億円未満，5～10億円，10～20億円，20～50億円，50～100億円，100億円以上であり，最下層は5億円未満層である。

（藪　光生・小川真如）

事例編

第3章

和菓子企業の農業参入による原料生産の展開過程と課題

第1節　はじめに

食品関連企業が加工原料の調達を目的に農業参入を行うケースは，構造改革特区や農地所有適格法人（旧農業生産法人）の規制緩和を通じて，多数の事例が報告されてきた。盛田（2003）は，食品製造業の農業参入では，コストについて課題を抱えつつも，原料生産に関するノウハウの蓄積，原料品質レベルの維持・改善，安定調達，製品差別化等の目的を実現できるため一過性の取り組みとならない可能性が高いと指摘している。

実際，一般企業の農業参入において，食品関連企業の農業参入の比率は高いと考えられ，2017年12月末時点の農地リース制度による一般企業の農業参入の状況を見ても，全参入企業数の3,030法人の内，食品企業が632法人（21％）で多数を占めている。

しかしながら，一般企業の農業経営において，食品関連企業は農業部門と本業の相性が良いと指摘されつつも課題も抱えている。日本政策金融公庫は，農業参入企業の農業経営に関するアンケートを行っているが[1]，食品製造業の農業参入の特徴として，トレーサビリティの確立や本業商品の付加価値化・差別化の目的は達成しているが，農業技術の取得や生産経費の課題が解決できず，目的の一つである原料の安定調達では苦戦していると指摘している（日本政策金融公庫農林水産事業情報戦略本部　2012）。

また，食品関連企業，中でも食品製造企業の農業経営において，農業生産を行うのは，食品加工で必要な加工原料である。当然ながら，これらの農業参入企業の農業経営は，本業によって，生産する品目や生産規模，農法，場合によっては農産物の一次加工の方法まで定まってくる。実際，食品製造企業の農業経営を見ると，本業に沿った農業経営であり，いかに本業の食品加工部門と連携し，製造過程において必要とするタイミングで収穫・供給を行うことを重要視していた。さらにいえば，食品製造企業が原料の生産を行うに当たっては，外部から「いつ」や「どこ」でも調達できるものを生産する必要はない。その原材料がどうしても必要であり，かつ外部から調達できないものや，その原料を自社生産することで自社商品の消費者への発信力の強化又は高付加価値化・差別化が可能なものを選択することになる[2)]。そのため，自社生産を通じた原料の低コスト化よりも，商品の高付加価値化・差別化に貢献する品目を選択することになる。換言すれば，一般的又は低コストの原料ではなく，特殊的又は高コストの農産物であれば，自社生産を行うメリットとなるのである。

その点を踏まえると，食品業界において，どちらかといえば奢侈品に分類される和菓子製造・販売を行う企業において，特に，贈答用や店舗での対面販売を中心にした一定の品質水準や高価格帯の消費をターゲットとするならば，原料の自社生産による「こだわり」や企業のイメージアップの戦略はメリットとなると考えられる。和菓子製造・販売を行う企業は，農業部門を活かしやすいといえるし，また，農業生産の取組みは地域の自然・社会条件の影響を強く受けるため，その取組みは和菓子企業の地域性の追求による経営発展を目指した「地域回帰」の動きともいえるかもしれない。

その一方で，地域農業の視点では異なる面も予測できる。特に，将来的な地域農業の担い手としての安定性である。食品企業の農業経営における生産品目や生産の規模は本業に規定される。また，先述の通り，食品企業が農業経営で選択する生産品目は，特殊かつ高コストのものとなる。和菓子企業の本業での商品ラインナップは―定番商品がありつつも―毎年変化していく。当然，商品構成が変化していく中で，必要となる原料の品目や使用量も変化していくことになる。となると，和菓子企業の農業部門の農業生産の在り方も変化していくことになる。その際に，地域で耕作している農地の管理や土地利用も変化することとなり，地域農業の担い手として安定性が損なわれる可能性もあるのである。

そこで，本章では，和菓子企業の原料の自社生産の取組みについて，その背景と展開過程について見ていく。そして，和菓子企業の農業経営において，どのように企業内部で活用し，本業との関係について整理する。特に，この企業内部での農業部門の活用については，和菓子企業の地域回帰との関連性を踏まえて検証したい。事例として取り上げるのは，自社で利用するブドウの果樹農業の生産に取り組む㈱Mと，ヨモギや大豆を転作水田の利用により生産する㈱Tを取り上げる。両法人は，全国の百貨店への出店や支店による販売を積極的に行ってきた和菓子企業であり，和菓子のみならず，洋菓子も手掛ける大企業である。また，両法人の農業生産を見ると，特殊かつ高コストで，原料調達に不安のある農産物の生産に取り組んでいる事例である。さらに自社生産を通じた商品のPRやコンセプトを打ち出しており，いわば，食品企業，又は和菓子企業の想定される農業参入の典型的な事例である。

第２節　和菓子原料の果樹の生産に取り組む㈱M

１）㈱Mの概況と菓子原料生産の背景

㈱Mは（以下，Mと表記）は，中国地方に本社（営業等の本社機能の一部は東京にもある）を持つ和菓子・洋菓子の製造・販売を行う企業である。菓子を製造する工場は，中国の山陰（２か所）･山陽（３か所）に５か所にあり，四国にも工場を新設予定である（調査時点：2016年７月15日）。Mは，複数のブランド名を持ち，会社名である「M」は昭和52年に立ち上げたブランドであり，最も代表的なブランドである[3)]。ヒアリング調査時点での売上高は300億円としている。また，Mのこだわりとして，製餡等の加工でも自前で行っており，和菓子・洋菓子等の多様な商品の製造でも外部に委託すること殆どない。ただ，社内の特定の工場で製餡等を行い，最中・羊羹等の各菓子品目の製造工場に送っている。この一貫して生産するメリットとして，多様な和菓子を生産するに当たり，商品の特性に合わせる加工が容易となり，高品質の和菓子を製造するノウハウの蓄積に繋がっているとしている。また，これは企業内の分業ともいえるが，製造分野の社員を３～４年の間に異動させることにより，管理者として社員の育成と一方で分業によるスペシャリストの育成の双方が可能としている。加えて，製餡工場と最終商品の製造工場（例えば最中の工場）と相互に餡や商品を送り，互いの業務の理解を深めることや，商品とのマッチング・最終製品のチェックを行っている。こうすることで，品質の維持や菓子製造の向上に努めている。

店舗数は国内店舗が約300店舗，海外店舗も世界各地にある。国内店舗は本社のある県だけではなく，東京都や大阪府，名古屋市等の大都市に中核となる店舗を運営しており，全国の百貨店にも多数の店舗を保有している。海外店舗やニューヨークやロンドン，台湾，香港，ベトナム等に出店している。その他に，日本料理店等の経営も行っている。そのため，Mの本社のある県だけではなく，全国に広く菓子の販売店舗網を持つ企業である。そのため，拠点となる地域での和菓子・洋菓子を製造し，全国に運ぶ独自の物流拠点を持つ和菓子企業でもある。

このように，Mが展開できた背景には，高級和菓子を製造する企業として，デパート進出に成功した点がある。1977年のブランドの立ち上げ当時は（それ以前も和菓子を製造・販売する企業であった），観光土産を中心とする和菓子企業であった。しかし，地域の特産であるブドウや桃を利用した和菓子が評価され，高級菓子メーカーとして認知されていくことになる。その結果，全国の百貨店・デパート等から出店が求められ，全国展開が可能となり，現在の経営を築いていくことになったのである。また，現在でもMにとって果物を利用した「果実菓子」は主要な商品アイテムであり，外部からの評価が高いとしている。

Mにとって，果物を用いた和菓子は販売品目として非常に重要であり，中でも地元産のブドウを用いた菓子の「R」は，Mの飛躍の要因となった看板商品である。農業参入を行い，菓子原料の生産の目的は「R」の原料であるブドウの生産を行うためである。この「R」は大粒のブドウ一粒単位で加工する和菓子であり，キズが無く，粒のそろった高品質の大粒のブドウが必要である。また，大粒のブドウであれば良いわけではなく，品種も特定の品種のブドウしか利用していない。これは，菓子に加工するに当たり，「風味の強さ」「酸味」にこだわるためであり，特定の品種しか利用できないためである。また，利用するブドウも，地元県産にこだわっており，Mにとって飛躍のアイテムであると同時に，Mの地域性を伝える商品でもある。

そこで，Mはこのブドウを調達するため，自社の所在する県内のブドウ産地（JAの部会組織等）や地元の青果の卸売会社からブドウを調達してきた[4)]。しかしながら，高齢化や果樹市場で求められるブドウの変化（種ありブドウから，種無しブドウへのシフト）によりMの求めるブドウ品種の作付面積が減少しており，原料であるブドウの確保が難しい状況となった。特に，高齢化によりブドウの生産者の世代が変わる中で，Mの求める品種よりも，栽培が容易なブドウ品種へ作付内容が変化していることが原料調達を難しくしている要因となっている。そのため，以前は県内のF地区からブドウを調達していたが，近年では必要量の確保が困難となり，地区外のブドウ農家からも調達を行うようになった。それでも調達が難しくなると予測し，自ら生産するに至ったのである。

２）㈱Mの農業生産の体制と農業生産

Mの農業参入では，農地所有適格法人の㈱M農園を設立することで農業参入を行っている。農業生産を行っている場所は，Mの本社が所在する市内にあり，製造拠点であるMの工場の近くにある。農地は50aであり，水田を購入してハウスに切り替えた。ハウスは20aのビニールハウスであり，２棟保有している。2014年に１棟のハウスを設置してブドウの植栽を行い，2015年に１棟を追加した。収穫は2015年より行っている。農業部門への初期投資には１億円を投入している。

農業部門に従事する社員は，４人であり，この人数で農作業を行っている。農業部門の責任者は国立大学農学部出身の若手社員である。また，農業技術については，専門家の指導を受けるとともに（定期的に技術のサポートや生育具合の確認を行う），ブドウ農家へ修行にも行っている。

農業生産は全量がブドウの施設栽培である。2015年の生産量は「R」に利用できるブドウは３万5,000粒であり，「R」に向かないものはピューレとして利用している。このピューレとして利用したブドウは35万粒である。現在，「R」で利用するブドウの粒は年間370万粒であり，供給量は１％に満たない状況にあるといえる。全生産物を自社に供給しており，外部調達で評価すると売上高は400万円程度となる。

「R」で必要なブドウは，加工用であるが基本的に規格は生食用と同じである。これは，「R」がブドウの原型を活用し，ごくわずかな加工で完成する和菓子であるためである。また，求める味も，生食用と加工用に大きな違いは無い。異なるのは，房の形状である。生食用の大粒のブドウでは，房の形が重要となっているが，「R」の場合は一粒単位で商品となるため房の形は問題無い。ピューレにする場合は粒に多少のキズがあっても問題が無いとしている。また，「R」にする場合は，完熟していなくても良く，糖度も重要であるが，酸味や香りを重視している。この点は，Mが購入するブドウの品質と同じである。Mの担当者は「基本的に生食用と「R」で使うブドウには大きな品質は無いが，糖度・固さ・香り・酸味で生食用と求める水準が微妙に異なる」としており，その必要となる品質水準のブドウの生産を目指すとしている。

自社の農業生産の特徴として，農業者は基本的に「房」単位で収穫するが，Mの農場では「粒」単位で収穫している。これは，農業者は基本的にMに納入するブドウは，生食用と同じ圃場であり，生食用と同じく房全体の熟度を基準に収穫している。しかし，Mの生産するブドウは全て「R」やその他の菓子に利用することが決まっており，ブドウの熟度は房ではなく，「粒」で判断している。Mとしては，こうすることで，一房のブドウから「R」の加工原料として使えるブドウ「粒」を多く取ることができ，歩留まりを上げられることを期待している。ただ，この点については現在のところ検証中としている。

また，Mのハウス栽培ではボイラーを利用した加温を行っており，５月下旬からブドウを収穫できるようにしている。これは，５月下旬の時期は，外部からブドウの調達が難しい端境期であるためである。そのため，外部調達が困難な時期に併せて，原料を確保できるように生産体系を構築している。

今後の生産の目標としては，「R」で必要となるブドウの10％まで自社で生産することを目指しており，現在の施設栽培の規模で目標の達成を目指している。また，農業生産の規模拡大を行う場合は，現時点で農業生産を行う地域（本社や拠点工場がある地元市）で拡大するとしている。将来的に100％を自社生産で調達することは考えておらず，現在のMのブドウの主要調達地であるF地区は重要であるとしている。しかし，将来的な目標として50％まで自社生産することができないか考えている。

3）自社生産のメリットと位置付け―菓子原料調達の立場から―

Mは，自社の看板商品の一つである「R」の原料の調達難から農業生産に取り組んでいるが，農業生産の取り組みは，自社調達による安定確保以外にもメリットがあるとしている。

一つは，ブドウ栽培の経験の習得により，産地の農業者との意見交換が容易にできるようになった点を上げている。Mは，ブドウの産地であるF地区と毎年２～３回程度の意見交換会を行ってきており，その際に加工実需者として生産者に自社が望む原料の特性や品質の要望を伝えてきた。しかし，農業参入以前は，Mはブドウの栽培に関する知識がなく，自社の求める品質や特性に基づく改善点を生産者に理解してもらえるように伝えるのが難しかった。しかし，自社で農業生産に取り組むことで，意見交換がスムーズになり，生産者に品質面での改善点の要望が可能になったとしている。また，納入される原料の品質面のチェックする「見る目」も良くなったとしている。

原料を自ら生産することのメリットとして，外部から商品価値の評価の向上もあげている。自社で原料を生産することでバイヤーからの引き合いが増えた点を評価している。

一方，Mはブドウだけではなく，果物を使った和菓子で評価されてきた和菓子メーカーであり，「R」以外でも柿や桃等を活用した和菓子がある。これらの菓子原料の果物については，契約取引で調達してきたが，現在，四国（瀬戸内側の県）に果樹の一次加工を行う工場を設置する予定であり，工場の周りの地域の農業者達と協定を締結して，果樹園地の新規造成・新規植栽によるM向けの加工原料を生産する新たな産地の育成を行う予定である。この産地とは契約取引を締結し，Mの一次加工の工場に果物を納入してもらう予定である。

また，Mは，菓子原料である果物の自社生産や，契約取引からの一次加工に取り組む理由として，最終商品の品質向上への効果を上げている。例えば，Mは和菓子の原料である果物類において，外部の一次加工品を利用して商品を生産していたが，それを自社で調達し，自ら一次加工から最終加工まで製造を行ったところ，和菓子の品質向上に繋がったとしている。これは，Mが製餡業者から餡を調達せず，自ら製造・利用する話にも通じるものがある。

このような原料の段階から全ての工程を自社で加工する理由として，果物を利用した菓子の多さという面もある。農産物である果物は，自然の影響を受けて年ごとの品質・特性の差がどうしても発生する。その際に，調達した果物を一から自社で加工することにより味の調整が可能であり，このノウハウを蓄積することも重要なポイントとしている。

これらの点を踏まえると，Mにとって農業参入を行った背景には，看板商品である「R」の原料の安定調達という面だけではなく，自社の最終商品の品質や自社の商品のブランド価値の向上という面に期待していたことがわかる。また，自社の農業生産による農業知識の蓄積を通じた原料である農産物の評価能力の向上や，産地の生産者とある意味「同じ目線」で意見交換できるということは，果物を加工して高品質の和菓子を製造するMにとって重要である。Mにとっての農業参入のメリットは，原料の安定調達だけでなく，商品の付加価値化や農業に関する知識の蓄積を通じた商品の品質向上も挙げることができるのである。

4）今後の展開―地域の和菓子企業とは何か―

Mの今後の経営の方針として，果物を利用した和菓子企業として，「全国各地の良いものを使う」としている。自社の所在する県にこだわらず，全国各地の良い農産物をセレクトして商品開発を行うとしている。実際，ヒアリング調査によると，売上高では関東・関西の比率が増加しており，本社の営業の拠点は東京に移している。発祥地を忘れることは無いとしても，今後は広く全国のものを利用・選択していくことになるとしている。

また，製造拠点の工場においても，当初は発祥地の県のみの展開を考えていたが，近年の人手不足もあり，隣接県の山陰地方に展開せざる得ない状況となっている。さらに，果樹の一次加工の拠点工場も四国に設置している。

販売面でも，全国の百貨店に広く展開することで成長してきたが，国内市場が頭打ちの状況となっており，海外市場への展開が必要と考えている。海外で販売する商品でも，当初は国内の商品をそのまま販売してきたが，海外での店舗運営の経験が蓄積されてくる中で，海外専用の商品開発や配合を変えたレシピの開発を行っており，現地化を進めている。

この点を踏まえると，Mは和菓子企業として製造規模や販売店舗の全国・海外への展開が進む中で，製造・原料調達の面で徐々に自社の発祥の県から全国へ拡げているといえる。Mが全国的に広く知られるようになり，飛躍することができたのは，地元県が産地である桃やブドウを利用した果物の和菓子によるものであるが，この高評価の和菓子の商品開発や品質維持を目指す中で，地元県産地だけではなく，全国から広く原料を調達する体制に変化しつつある。Mは自社の看板商品である「R」の原料調達のための農業部門は，自社の製造拠点が集中し，発祥の地である県にあるが，Mの事業展開における発祥地の地域性は低下しつつあるといえる。

Mの和菓子原料であるブドウの生産は，自社の看板商品である「R」の安定生産という目的であり，他の産地や原料では簡単に代替できない農産物の生産である。ある意味，食品企業の農業参入の典型的な事例であり，一過性ではなく中長期的な農業生産を行っていく可能性が高い。しかしながら，和菓子企業の地域回帰という面だけで見ると，自社の農業生産が必ずしも地域回帰に直結しているとはいえないのである。これは，Mが国内だけではなく，海外進出に取り組んでいることも要因といえるかもしれない。しかし，Mはブドウの生産拠点に地元の県を選択した要因は，「R」が地元県の特産であるブドウから加工することが重要なのであり，地域から離れることが簡単にできるわけではない。今後の商品開発において，他地域の高品質の果物を利用した商品開発を行っていく場合，その産地とMがどのような関係を築いていくかは不明である。また，地元県のために，自社が利用できる果物があれば積極的な使用や提案を行いたいとしており，地域との関係も重要視している。その点を踏まえると果物を利用した和菓子で評価されたMにとって，企業として成長し，様々な果物を加工して商品開発を行う経営展開において，原料調達面から単純な地域回帰は難しく，この面では地域性という面は薄れていくことになる。しかし，この全国から広く原料調達を行っていく上で，新たな産地との関係や，その関係を商品にどのように活かしていくかは，これからのMの展開を見ていく必要がある。

第３節　㈱Tの和菓子原料の生産の展開課程と課題

１）㈱Tの概況と農業参入の経緯

（１）㈱Tの概要

㈱T（以下，Tと表記）は，滋賀県に所在する和菓子・洋菓子を製造・販売を行う企業である。江戸時代の材木商に端を発し，種苗商そして菓子製造業者へと変化してきた企業である。1872年より菓子製造業者となり，1958年に現在の企業名「T」となった。

Tは，和菓子だけではなく，洋菓子の製造販売を行う㈱K（Tの洋菓子部門から設立。資本金7,000万円）等の関連企業を持つ。その他，和洋菓子職人を育成する専門学校，企業内の保育園，近江の文化を発信するNPO法人もある。現在のTグループの従業員数（正社員（2017年4月1日現在））は1,027名であり，売上高は約190億円である。

Tは，滋賀県内だけでなく，関東地区（東京都・横浜市に14店舗），中京地区（名古屋市に4店舗），近畿地区（大阪市・神戸市・奈良市に16店舗），北九州地区（福岡市に1店舗）の駅ビル・百貨店に菓子販売を行う店を出している。1984年の東京への出店をスタートとして，その後も各地に販売店を出店してきた。

このように，関東・中京・近畿・北九州の大都市圏で販売店舗を展開してきたTであるが，そもそもTの菓子販売の拠点，すなわち本店は滋賀県の湖東地区にあり，この地域で積極的に事業展開してきた。県内では，湖東地区を中心に14店舗を出店している。これら湖東地方の店舗は，菓子販売専門だけでなく，喫茶店やレストラン，菓子工房等が併設され，和洋菓子販売だけではなく，飲食も含めたサービス提供を行っている。また，滋賀県の湖東地区のO市や（1961年～），A町（2002年～）には菓子製造工場がある。さらに，本社は，菓子製造・販売，飲食サービスを提供する複合施設にある5)。本社では商品開発や店舗ディスプレイのデザインの企画が行われ，さらに各店舗で使う鉢物・盆栽類の育成やTの農業生産部門の担当部署である農地所有適格法人TNもある。

Tは，全国の大都市圏での販売を展開しているが，事業拠点であり，発祥の地である「近江」という地域にこだわり，重要視してきた。これは，Tが「近江」という地域に根ざし自社商品の製造・販売を行っているためである。Tは，自ら製造・販売する菓子のコンセプトを設けており，この言葉を作ったTの元役員のK氏によると，このコンセプトは「近江の田舎における美」を意味するとしている。そしてこのコンセプトは，和菓子というジャンルの最大の競争相手である「京都」の和菓子文化を乗り越えるために考えた言葉であり，T独自の菓子文化を表すものとしている。そこで求める味は，「おばあちゃんのつくるおはぎが一番美味しい」に集約されるとしている。つまり，Tは，拠点である「近江」という地域から独自のコンセプトを打ち出し，菓子の差別化に取り組んでいるのである。また，このコンセプトを具現化する取り組みの一つの要素として，農業参入を位置づけている。

（2）㈱Tの農業参入の経緯

Tは，独自に生み出した「近江の田舎における美や食文化」に関するコンセプトにもとづき，和菓子の中でも，饅頭や団子，餅等といったその日に食べることを前提にした「朝生（あさなま）菓子」に力を入れて取り組んでいる。K氏は「朝生菓子」は腐りやすい一方，利益率が高いと述べている。だが，朝生菓子の製造・販売を行うと「「餅屋」や「団子屋」と認識され，和菓子屋としての評価が下がる」可能性についてもK氏は言及している。しかし，朝生菓子にこそ菓子の本来の味があると考えた。Tは自社のコンセプトにより，朝生菓子のマイナスイメージを払拭できると考えたのである。

また，朝生菓子の開発・製造において，地域・自分たちで「作れるものは作る」という点にもこだわった。主要な加工原料である米については，地元の滋賀県産の米が確保できた。小豆については北海道の産地と直接の契約取引きで確保している。餡については，自社で小豆から加工して全量を賄っている。これ以外にも，Tは，原料の生産現場を直接訪問して品質確認を行い，原材料を調達している。

この原料調達に際し，Tは「春の菓子」に必要となる良質なヨモギが確保できないという点が課題となった。これは，ヨモギが生息する河原・畦畔等に除草剤等が散布されるようになり，国産のヨモギの調達が困難になったためである。また，ヨモギの生産者も近隣では見つけられなかった。中国産のヨモギも試してみたが，求める品質水準を満たすことができなかった。そこで，自ら生産に乗り出した。

ヨモギ生産については，1997年，東京支店を開設した当時，Tが発行していた情報誌において情報を広く求めた。その結果，三重県でヨモギを生産している農業者についての情報が寄せられ，自ら生産できると考えた。また，栽培技術については，九州の農業者から指導を受けた。

Tは農業生産部門として，1998年に農業生産法人㈲T農園を設立した。農地は自社の工場に勤務していた社員の縁故を通じ，旧E町（現在のH市）で10aの水田を借り入れた。当初よりヨモギの栽培に着手し，地域の水田を借り足しつつ規模拡大や栽培品目の拡大を行ってきた。

T農園は，2002年に「㈲T農場」へ，2003年には「㈱T農場」へと改組し，現在では農地所有適格法人の「㈱TN法人（以下，TN法人と表記）」である。このTN法人は先述した通り，店舗で使う鉢物・盆栽・花卉の栽培も担っており，原料部門の農業生産だけではなく，店舗のディスプレイ等からTのコンセプトを消費者に伝えるデザイン部門の農業生産も担っている。

２）㈱Tの農業部門の展開過程

Tは1998年に自社での農業生産を開始してから，規模拡大と品目の多様化に取り組んできた。これは，自社の必要とする和菓子原料の生産だけではなく，農場地域の地域性に着目し，自社のコンセプトに適合した農産物を選択して栽培品目の拡大を行ってきたのである。また，一般企業の農業参入は，2000年前後から農地制度の規制緩和により進展してきたが，Tは，その最も早い時期から農業生産に取り組んできた事例でもあり，食品加工を行う食品関連企業の農業経営において，本業と農業部門がどのように関連し，役割を果たしてきたかを分析する上で重要な事例である。そこで，本章では2007年，2016年の各調査時点の農業経営と農業経営の方針について報告し，Tの農業生産がどのように変化しているか整理する。

（１）農業生産の拡大：2007年─ヨモギ生産の拡大と多様化─

2007年時点のTの農業部門は，株式会社のT農場が農業生産を担っていた。以下，当時のT農場の農業経営を見ていく。

2007年時点の営農規模はヨモギ１haと黒豆３haである。この農地は全て旧E町にある。黒豆は連作できないため転作水田のブロックローテーションを利用しており，毎年の借入農地は変更している。また，ヨモギは同じ農地を利用している。さらに7～8haの黒豆の契約栽培を行っている。これは，T農場が参入している地域の農家へ転作水田を利用して生産してもらっており，価格も農協より1割～2割程度上乗せで，農協を通して購入している。また，契約農家で高齢化が進んでおり，労働力不足の農家にはT農場から労働力を相手側の必要に応じて提供している。地代は10aあたり12,000円で，転作水田の転作奨励金は全て地権者の農家が全額受け取っている。農地の確保は農協からの紹介と相対による確保である。

農業参入当初はヨモギの生産のみであったが，2004年より黒豆（黒大豆，丹波黒）の生産を開始している。その理由は，丹波黒の品種に限定した質の良い黒豆の確保が難しいためである。Tは黒豆を年間5tは最低使用するため（当時），市場での乱高下や数量確保が難しいために自社生産に踏み切った。晩生種である丹波黒は生産が難しく，市場流通量が限られるためである。

労働力は正職員5人，パートが22～23人である。パートは高齢者の60～70代である。正職員の給料はTから支払われている。

投資に関しては，トラクター，コンバイン，管理機，テイラー，草刈り機を所有している。その内，新品は管理機だけで，残りは中古で購入している。今後の投資予定としては，黒豆の選別機を投資する意向がある。現在黒豆の選別は農協任せであるが，自前で行うことを考えている。

農産物の販売は基本的に自社利用である。栽培品目はヨモギ，黒豆，ハーブ，タマネギである。ハーブ，タマネギは10a程度の規模で生産しており，Tのグループ内のレストランで利用している。ヨモギも年間7～8t生産しているが，75％をTが利用し，25％を他の菓子業者からの要望があり販売している。単価は1kg当たり1,000円である。他の食品業者から購入すれば，200円～300円であるが，自社でこだわって生産したヨモギを利用している。また，ヨモギは最近県の環境に関する特別栽培の認証を受けた。また，ヨモギの食用にならない部分をエステ用に出荷し，年間100～150万円の売上高を上げている。黒豆はTで全量消費している。これを，Tが購入，販売している価格で計算すると2,000万円程度の年間売上高と推測できる。ただ，基本的にTはT農場は原材料の供給を目的に設立しているため，単純にT農場の採算にこだわっていない。結果的にT農場で生産された原料をTで加工，販売した際に採算がとれるとの判断があるためである。

2007年時点の問題点としては，T農場よりも，Tの問題に近いが，農業者の担い手がいないことを挙げている。これは，転作水田等において黒豆の生産を行ってくれる生産者の確保が難しいためである。また，参入当初ヨモギの栽培に関して集落など地域の理解がえられなかったため，農地を借りている集落に対しては，しきたりや祭りに協力し，地域との関係を良好に保つよう努力している。

今後の方針としては，規模拡大，新たな作物の取組，加工部門の導入，農業技術の蓄積を挙げている。規模拡大では目標面積で20haを目指している。新たな作物では養蜂の導入を考えている。加工では製粉の導入，農業技術の蓄積では地元大学との提携を考えている。

（２）農業生産の再編：2016年―商品構成の変化と農業経営の対応―

2016年の調査時には，農業部門の再編が行われ，店舗で使う鉢物や盆栽等の花き園芸部門を含めた㈱TN法人に再編されている。一方，原料生産に関する農業生産も変化が生じている。

2016年時点のTN法人の農業生産の規模は1.2haである。借入農地の返却も行っており，30aの農地を返却した。この農業生産規模の縮小の背景は，TのヨモギT需要の減少がある。2007年の調査時点や，その後の調査時点（2011年，2013年の筆者の調査）でも，Tはヨモギを年間およそ10t利用してきた。しかしながら，2016年の調査では，年間使用量は５tにまで減少した。これは，消費者のヨモギ商品に関する需要が変化したためであり，ヨモギの利用はヨモギの旬の時期のシーズン和菓子の利用に特化し，ヨモギの生産規模を縮小することになったのである。また，黒豆を利用した和菓子の生産減少により黒豆の在庫がたまる状況になり（７年分の在庫），2015年より黒豆の生産をやめている。これらの原材料利用の変化により，農業生産の規模を縮小させることになった。一方，規模について確認できていないが，野菜の生産は継続しており，グループ内のレストランでの利用は継続して行っている。

TN法人は農業生産物を全量Tに出荷するため，Tの和菓子製造に合わせて栽培品目が決まってくる。また，和菓子の原料を生産するに当たり，産地表示の制限から単純に原料を生産して納入するのは簡単でないとしている。特に，「品質管理」「期限」「食品表示」といった面で難しさがあるとしている。そのため，飲食サービスでの利用の方が容易であるとも述べている。また，Tの和菓子製造部門からの原料発注の減少により，経営耕地面積の利用が低迷し，生産したヨモギ（一次加工済み（茹で～冷凍まで））もTのルールにより廃棄することもあるとしている。

一方，原料に対する農業生産部門は縮小したものの，様々な農業への取組み自体は行っている。現時点の本社機能と飲食サービス，和菓子・洋菓子の販売を行う複合拠点「R」では，施設内の庭園部に水田を設けており，来訪者が水田と間近に接することができるようにしている。また，その水田は，オーガニックの試験栽培圃場を兼ねており，もち米や飯米等の様々な品種の栽培を行っている。これは，和菓子に必要な原料生産を自分たちで作ってみるとの試みであり，TN法人が農業技術の確保や試験を行う機関であるためである。

実際，「R」では，４種類のサツマイモの試験栽培を行っており，これはTのサツマイモを利用した菓子の商品開発への参加であり，素材開発の部分をTN法人が担っているといえる。

このようなTN法人の取組みは，品質の良い和菓子を製造していくにあたり，「和菓子≒農業」という考えがあることによる。また，農業部門の意味として和菓子・洋菓子部門の原材料に対する見る目を育成するという意味があり，商品の品質の維持に重要な役割を果たしているとしている。

一方，TN法人は今後の方針として自社の原料生産に関する農業部門の拡大を考えていないとしている。そのため，2016年の調査時点の段階では，原料の農業生産部門の拡大よりも，Tの菓子製造部門の商品開発や原料調達における，品質の管理や素材の提案等を行う部門として位置付けられていくと考えられる。

3）小括

Tの農業部門の展開について見てきた。Tの農業部門の変化を見ていくと，本業に沿った農業生産であり，その農業生産や農業経営の方針は，本業の事業に規定されていることが良くわかる。2007年時点と2016年時点を比較すると，農業生産の規模が小さくなっており，その要因は，本業におけるヨモギと黒豆を利用した商品ラインナップの削減によるものである。2007年時点では，将来的な自社の和菓子製造部門の黒豆需要を見越して，農業生産の規模拡大を目指していたが，2016年では自社農場における原料生産は縮小・再編を行っていた。食品企業の農業参入は，本業の食品製造・販売に必要な農産物の生産が目的であり，その本業の内容により，その農業経営は規定されていくことになる。そのため，Tの農業部門を担当するTN法人も，Tの方針に規定された農業経営となり，2007年と2016年の農業経営の内容は今後の展開方針に大きな変化をもたらしたのである。

しかし，農業部門がTにとって不必要な存在となったわけではない。Tの花卉園芸部門を担うだけではなく，菓子の商品開発における素材の選択や栽培方法の研究等の知見の集積等で重要な役割を果たしている。また，自社の複合施設の「R」の内部には，水田の試験圃場の役割を併せもつ庭園があり，これらの管理もTN法人が担っている。これは，農業生産における試験栽培といった研究開発だけではなく，これらの部門を総合して，Tのブランドのコンセプトを体現する部門としての役割を現在も果たしているのである。そして，そのコンセプトは，先にも述べた通り，「近江の田舎における美」であり，Tのブランドとして「地域回帰」を示す存在となっている。その点を踏まえると，原料の自社生産としての機能が，菓子の製造・販売部門の変化により縮小・再編されたとしても，Tにおける農業部門は和菓子・洋菓子の商品のブランドコンセプトを体現した存在であるため撤退を行う訳ではない。しかし，その食品企業の原料の生産を担う農業経営部門という性格上，その農業生産の規模や内容は本業の事業展開に規定されており，それが結果的に農地利用に影響を与えることになり，場合によっては地域の農地利用の担い手として不安定な面を示すといえるのである。

第4節　おわりに

以上，和菓子製造・販売企業であるMとTの農業参入の経緯と展開過程について見てきた。これらの事例から，和菓子企業の農業経営による原料の自社生産の取組みと和菓子企業としての地域回帰について整理したい。

まず，MとTの農業参入の目的と経緯を見ていくと，ほぼ共通の特徴を見ることができる。Mは，果物を使った果実菓子で消費者からの高い評価を受けて全国に広く展開している企業であるが，そのきっかけとなったのは，地元の県の特産品である桃やブドウを利用した和菓子であった。中でも，地元の特産品であるブドウを使った「R」は看板商品であり，地元産の高品質のブドウを使うのが商品に高い評価を受けたポイントであった。ある意味，地元特産という地域性を活かした果実菓子がMの和菓子のブランド価値を高めたのであり，全国に広く展開するきっかけを生みだしたのである。そして，その看板商品でありMのブランド価値を高めた商品の原料を安定的に確保するために，農地所有適格法人を立ち上げて農業生産に乗り出したのである。

Tの農業参入の目的と経緯もはっきりしている。和菓子の製造において必要となる高品質のヨモギの確保が難しい中で，自ら農業生産に取り組んできたのである。そして，黒豆等のその他原料が必要となる中で，本業の要請にこたえる形でグループ内の農地所有適格法人で農業生産を行ってきた。また，このヨモギを利用した和菓子は特定のシーズンに必要となるものであり，自社生産のヨモギを利用した和菓子は消費者の支持もあり，需要の減少はあったもののTの定番商品の一つでもある。

では，自社で原料を生産する農業生産に取り組むことによるメリットはどうだろうか。Mは，農業参入により原料の安定調達以外に，農業経験の蓄積により，原料の調達先である契約農家との意見交換がスムーズとなり，農業者と同じ目線で要望を伝えられるようになった点を評価している。また，自ら農産物を生産することにより，原料に対する品質チェックの能力が付き，最終商品の品質向上に繋がったという点を評価していた。そして，自らの農業生産により外部から評価が高まり，商品価値の向上の効果を挙げている

Tは農業参入のメリットとして原料の安定調達を挙げている。また，ヨモギや黒豆等を自ら生産することで原料に対する品質の目利きの向上に繋がり，最終商品の品質向上に繋がったとしている。さらに，自ら原料を生産することで外部からの自社商品の評価の向上に繋がり，外部への発信力の強化や差別化に成功したとしている。これは，Tにとって農業部門は，自社の和菓子のブランドコンセプトである「近江の田舎の美」を具現化するものであり，その自社の和菓子のブランド化において，重要な役割を果たしていると評価していることが伺える。

MとTの農業経営を見ていくと，農業参入の目的と経緯，農業経営のメリットでは大きな違いは見ることができないが，農業経営の今後の展開方向と農業部門の位置づけでは2社の間に相違点を見出すことができる。

まず，農業経営の展開方向では，Mは「R」に利用するブドウ生産の拡大を目指しており，最終的に50％まで自社生産で確保できるまでの拡大を考えている。これは，自社での農業生産を開始してから期間がそれほど経っておらず，製造部門からブドウに対するニーズが継続的に見込める状況であるためといえる。また，Mの農業生産では，ブドウの単一品目しか生産を行っておらず，他の加工原料の果物は，支援を通じた他産地の育成を行い，契約取引で調達する方針となっている。

それに対し，Tはヨモギを出発点にしながらも菓子の製造部門のニーズに応じて黒豆の生産に取り組み，自社の飲食サービス部門向けの野菜生産や店舗で利用する花卉類の生産も行っている。一方，Tは和菓子の商品ライン ナ

ップが変化してくる中で，ヨモギや黒豆の生産の縮小・再編を行っている。2007年時点では農業生産の規模拡大を目指していたが，Tの消費者ニーズに基づく商品構成の変化の中で農業部門も変動していく。これは，食品関連企業の農業参入だからこその変化といえるかもしれない。

企業経営全体における農業部門の位置づけを見ると，Mは農業部門については非常にシンプルな位置づけであり，「R」の原料を安定的に供給する役割となっている。農業部門に取り組むメリットとして，原料の目利きの向上や農業経験の蓄積による産地との意見交換が容易となった等があるが，農業部門の基本的な位置づけは菓子製造における原料生産なのである。

それに対し，Tの農業部門の位置づけは，単純に農業生産に留まらない。原料の安定調達は当然として，農業部門は新商品の開発における素材選定や農産物生産における試験的な役割を担っている。また，農業部門はTのブランドコンセプトを体現するものであり，自社のブランド価値を生み出す役割を担っている。これは，店舗のディスプレイに利用する花卉類の生産だけではなく，Tのブランドコンセプトである「近江の田舎の美」を具現化する存在であり，Tの近江の和菓子企業という「地域回帰」の象徴ともいえるのである。Tは農業参入を素材の追求の中で選択したとしているが，その選択は企業コンセプトの延長ともしている。その点を踏まえると，農業参入当初はMと同じく，商品の品質の向上を追求する中での原料調達の取組みであるが，この農業生産の取組みは自社のブランドコンセプトと一致したからこそ選択したのであり，結果的に原料生産を通じた「地域回帰」を通じた取組みになったといえるのである。

これらの点を踏まえるとMとTの農業参入の目的や経緯，そのメリット等は非常に似ているといえるが，「地域回帰」という点では異なる点があるといえる。Mは地域の特産品である果物を利用した和菓子により高い評価を得て成長してきた。そして，原料である地元産のブドウの安定調達が難しくなる中で自社生産に取り組んでおり，農業部門の位置づけは原料の安定調達が中心である。そして，農業参入の地域の選択でも工場立地条件やブドウ生産の適地という面で決まっており，「和菓子製造で必要な農産物」の生産とその活用という条件に規定されているといえる。地域性を活かした自社の農業生産という面は弱い。

それに対して，Tは―出発点は同じかも知れないが―，農業部門は原料の安定調達だけではなく，自社のブランドコンセプトである「近江の田舎の美」を具現化する役割も加味されており，農業生産を通じた和菓子企業の「地域回帰」の可能性を指摘することができる。

しかし，この２社の農業部門の位置づけや「地域回帰」という面での違いは，農業経営を行った期間により生じている可能性がある。Tの農業部門の位置づけも，原料生産を自社で生産し，その自社生産の原料利用を利用した和菓子の製造・販売を行う中で，外部の評価を受けていく段階で変化していった可能性はある。実際，Mも原料を生産する農業部門の取組みを，消費者や取引相手への和菓子情報の発信強化や差別化に積極的に利用している。この自社の所在する地域で農業生産に取り組み，その取組の地域性が外部から評価されてくるならば，Mの農業生産の取組みや地域に対する位置づけも変化していく可能性はある。

一方，和菓子企業の農業生産の安定性では，本業の事業展開に規定されていくことになる。Mが規模拡大を行うことを望むのは，ブドウを利用する「R」の生産に不可欠であるためであり，この「R」の商品の販売展開で農業生産の規模も変化していくことになる。一方，Tを見ると，消費者ニーズに合わせて商品ラインナップが変化させていくが，自社の農業部門がその変化に併せて栽培品目を柔軟に変えていくことが難しいことを示唆している。その点を踏まえると，農産物の需要者である食品企業である和菓子企業であっても，本業の製造・販売に併せた農業生産を行うことは難しく，さらにいえば，食品加工業の農業参入企業は，地域の農地利用の担い手として不安定な面を内包しているといえるのである。

注

1）2011年度に日本政策金融公庫が行った,「平成23年度企業の農業参入に関する調査結果」である。この調査は一般企業の農業参入の目的・経営課題に対する包括的な調査である。調査内容は農業参入時とその後における農業経営上の課題について調査（回答138社（回収率32.7%）/422社）であり，郵送によるアンケートと現地聞取り調査が行われている。回答した企業は建設業が30社，食品製造業が56社，食品卸売業が22社，その他業種が30社である。

2）10年近く農業経営を行い，20ha近くまで規模拡大を達成し，自社で利用する野菜の３割まで自社生産で調達する惣菜企業でも，自社生産のコストの比較対象は物流マージン・包装材コスト等を含めた外部からの調達価格であり，自社生産を通じた原料の安価な調達だけを目的にしているわけではない。また，惣菜企業も原料調達のコストダウンよりも，良質な野菜（有機栽培等）の安定調達や外部調達では利用しにくい野菜が調達できることをメリットとしていた。詳しくは拙稿（2016）を参照。

3）Mの他に，百貨店を中心に展開する和菓子のブランド「S」，駅ビルやショッピングモールに展開する和菓子ブランドの「T」，洋菓子の「R」がある。

4）このブドウの購入において，Mは卸売会社や産地の農業者に，サイズ・糖度・表面の状態，皮の状態，粒の形等の規格を示している。

5）2016年に本社機能が移転した。それ以前は，A町の工場に本社機能があった（工場は継続して稼働している）。

参考文献

日本政策金融公庫農林水産事業情報戦略本部（2012）『企業の農業参入に関する調査結果（概略版）』日本政策金融公庫，p.5。

盛田清秀（2003）「業種別の農業参入の課題と展望」『日本農業経営年報No.9　農業経営への異業種参入とその意義』編集代表：八木宏典，編集担当：高橋正郎・盛田清秀，農林統計協会，pp.145-161。

大仲克俊（2016）「一般企業の農業参入の展開状況と農業経営の実態」『農業・農協問題研究所報』第60号，pp19-32。

（大仲克俊）

コラム　土産物としての菓子　前編

―農村における新たな農産物の導入と土産物の開発の事例から―

本書で紹介されている事例では，原料確保や自社のブランディング戦略の一環として和菓子企業が農業生産に参入している動きや，農業生産組織が加工販売に取り組み6次産業化を実現するという動きが取り上げられています。言い換えれば，取り組みを開始する以前からその農産物を原料として扱ってきた企業側（実需者側）が，原料供給側に踏み込んで生産に係わるようになった事例が中心となっています。これらは企業独自のブランド，あるいはすでに原料を用いた商品が定着しているからこそ，継続的に消費者から買い求められる商品としてラインナップの一部に据えられているという位置づけだといえます。

他方で，たとえば日本全国の観光地のお土産屋さんを覗いた時に，売り場の多くを占めているのは，青森や長野ではりんご，山形ではさくらんぼ，宮城ではずんだ，栃木ではいちご，和歌山や愛媛ではみかんなど，その地域の特産となっている農産物をイメージした商品です。それらの地域の主要な農産物の知名度を借りることで，ご当地らしさをアピールしているわけですが，ナショナルブランドがご当地限定で販売しているものも含めて，OEMで地域外の工場で生産されていることもしばしばあります。その地域の農産物が原料として使用されているかが明記されていないことはあるものの，もちろん味は優れていますし，その多くは個包装で大容量ですから旅行の後にお土産として配るには最適です。このように，全国的に知名度がある産地だからこそ展開されるお土産菓子があるわけですが，このコラムでは，後発的な産地での土産ものとしてのお菓子について取り上げてみたいと思います[1)]。

日本各地では，その地域で生産していた農産物の価格の下落などへの対応をとるため，高収益作物や省力作物に転換するという動きがあります。いくつか例をあげますと，桑は養蚕のために中山間地域を中心に作られてきましたが，着物需要の減退や海外産の生糸に価格で勝負することができないなどの理由から養蚕はごく限られた産地を除いて衰退し，そのエサとなる桑の需要もなくなっていきました。桑は樹木ですが，生育が早く，また桑には甘酸っぱい実もなるので，桑の葉が刈り取られず管理がされなくなり遊休桑園となってしまうと，鬱蒼とした茂みとなり虫害も発生するなど周囲への問題が生じてしまいます。また，葉たばこも，JTによって生産数量が管理され安定した収入が見込める作物として畑地や中山間地域での重要な収入源でしたが，近年のたばこ需要の減退から作付面積は減少し続けています。このような地域では新たな収入源の確保や農地の管理のためにも，品目転換が必要となってしまいます。そのほか，水田作が主な地域でも，周年雇用を実現するために米以外の露地・施設の品目を取り入れて経営を行う事例も多く見られています。そのような背景から，桑園ではブルーベリーなど観光農園もできる省力作物への転換，葉たばこでは野菜の導入やクリーニングクロップとして輪作体系に取り入れていたソバの本作化などが取り組まれています。

単独の経営で品目転換に取り組む場合には収穫物が量的に確保できなければ産地化するのは難しいのですが，先に述べたように産地そのものが転換をしなければならないとなると，大勢で取り組めば作付面積を増やして収穫物を集めることができます。そのような形で新たな産地を形成していく過程で，地域の特産品を使った加工品を作ってみてほしい，と，地元のお菓子屋さんに声がかかることがあります。ここでは，埼玉県美里町の例をみてみたいと思います。

埼玉県の北部にある美里町は，養蚕が盛んだった地域で昔は桑畑が広がっていました。しかし養蚕が衰退したために桑園が荒れてしまい，農地の周辺では虫害が問題になってしまいました。美里町では，その対策として，摘み取り体験農園（観光農園）としても活用ができそうで，あまり手間がかからないブルーベリーに着目し，1999年から町を挙げて桑園の伐採，抜根，苗木の植樹に取り組みました。約40haのブルーベリーが植えられ，一時期はブルーベリーの作付面積全国一位にもなりました。そのほかにもプルーンやアンズも植えて，果樹園百町歩構想を掲げました。プルーンやアンズは残念ながらあまり定着しなかったのですが，現在，美里町では夏になるとブルーベリーの観光農園が20戸以上も開設され，首都圏から多くの消費者が訪れています。

そんななか，加工品でお土産になるものが作れないかと町役場から話が持ち込まれ，ブルーベリーを使った和菓子作りに取り組んだのが美里町に１軒だけある和菓子屋「㈲菓子処たかはし」です。ブルーベリー観光農園の取り組みが始まる前は，美里町にはめぼしい観光地はなく，ブルーベリー狩りのついでに何か買い物をするようなものは，今でこそブルーベリー生産者がジャムやジュースなどの加工に取り組んでいますが，当時は野菜の直売所以外ありませんでした。すでに観光地化された地域と，そういったものが全くなかった地域とでは，お土産事情は大きく異なります。

㈲菓子処たかはしでは，美里町産ブルーベリーペーストを混ぜたあんを，ブルーベリーペーストを混ぜた大福生地で包み，あんの中にブルーベリーの粒を入れた大福を製造・小売りしています。ブルーベリーは町内の生産者から仕入れ，店舗内の工房で砂糖を加えてペーストに加工して使っています。北海道産のアズキなど他の材料の多くは，和菓子材料専門の問屋から購入していますが，ササゲなど，地元の直売所で材料として使える農産物が出荷された時には購入してお店で使う

 こともあるそうです。お店としてそういった取り組みを大々的にPRするということはないのですが，地域に密着した個人経営の和菓子屋ならではの取り組みです。

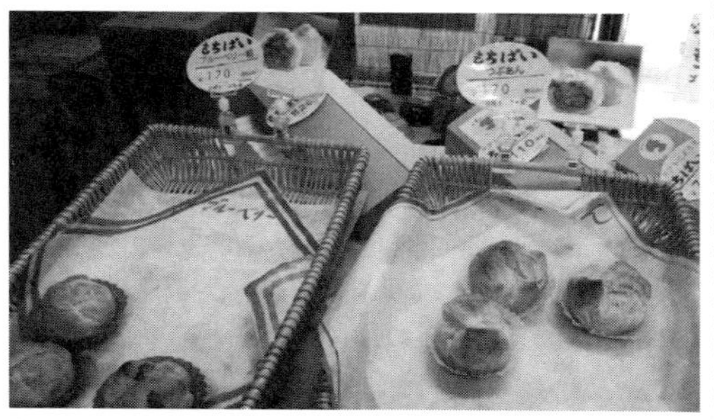

新たに開発した，大福をパイ生地に包んで焼き上げた「もちぱい」

全国的に大小様々な地域で行われていると思いますが，地域のお店とのコラボレーションを通じて活動に広がりを持たせていき，農業とお土産のセットで地域のPRにもなるような商品化が望まれているのでしょう。地域の土産物に，その地域らしさを持たせるということは，新たな産地を作っていくときだからこそ可能な面もありますので，今後も，農業と菓子類の製造小売業との間には地域内連携という形で広がっていくのではと思います。

注

1）「おみやげ」を観光の時代性やコミュニケーションツールとしての役割を反映している要素だとする論考が，村田和夫「おみやげの世界は広がっている」『交流文化』15，pp.4-9，立教大学観光学部鈴木勇一郎），「近代おみやげ文化の誕生」（同，pp.10-15），など観光学の立場から行われている。

（竹島久美子）

第4章

クリ菓子業者によるクリ生産への接近
—岐阜県恵那市㈱恵那川上屋を事例に—

第1節　クリ菓子の特徴と調査地の位置づけ

和菓子は私達に季節を感じさせてくれる。通年販売される商品がある一方で，はなびらもち，ぼた餅，おはぎ，柏餅など，暦に合わせて店頭に並ぶものもある。夏には水ようかんなどの見た目に涼しげなもの，秋には芋ようかんや栗きんとんなど旬の農産物を活かしたものも多い。さらに全国各地にはその土地を代表する銘菓やその土地の風土に根ざした菓子もある。

このように多々ある和菓子の中でも本章で注目するのはクリ菓子とその原料のクリである。全国にある菓子の中でもクリ菓子の生産に限定すると，菓子生産の一部としてクリ菓子を製造するメーカーは多いが，クリ菓子に特化した形で産業が成り立つ地域はそう多くない（元木　2015，p.144)。『日本銘菓辞典』によれば，全国のうちクリ菓子名を挙げているのは7県に，『和菓子の辞典』によれば9府県に留まる。その中でも特にクリ菓子とのかかわりが深いとされるうちの一つに，岐阜県中津川市がある。

本章が取り上げるのはこの中津川市を含む岐阜県東美濃地域のクリ菓子業者とクリ生産者である。調査地の概要として，クリ菓子とクリ生産について確認してから（第2節)，新たな動きを見せる菓子業者の概況（第3節）とその事業展開（第4節，第5節）を明らかにし，クリ菓子業者による生産者への接近について分析を行う（第6節)。

第２節　調査地におけるクリ菓子とクリ生産の概況

１）クリ菓子の歴史と現状

東美濃地域は岐阜県の南東部に位置し，恵那山の麓に広がる。この地を代表する銘菓の栗きんとんや栗粉餅は長年にわたり，多くの人々に愛されてきた。現在も，70軒を超える菓子業者が栗きんとんを製造している。毎年10月中旬には中山道菓子祭りが開催され，多くの菓子業者が栗きんとんをはじめ，クリを使った菓子を販売し，県内外の客で賑わいを見せる。

我が国においては江戸時代には菓子が完成したとされるが，東美濃地域では江戸中期以降，中津川を中心とした宿場町において歌会や茶会などが頻繁に催され，宴の席では郷土料理やクリ菓子が振る舞われるようになったといわれる（ひがし美濃広域観光ネットワーク会議　2006，p.19）。その後，栗きんとんという形で商品化されたのは明治の中頃，地域の和菓子業者の手によるものとされ，その頃は山で採れる自生のクリが用いられていた（同上，p.22）。

現在では栗きんとんや栗粉餅にとどまらず，水饅頭の生地で小豆餡の代わりに栗きんとんを包んだ商品や，干し柿の中に栗きんとんを詰めて高級感を出した商品も製造される。このように，季節感を強調したクリ菓子が増え，通年で商品が販売されるようになった。中には百貨店に進出する菓子業者も見られ，クリ菓子の製造を拡大させてきた。東美濃地域のクリ菓子産業は製造規模を拡大させるとともに，クリ菓子の原料となるクリの需要を増大させてきたのである。

写真4-1　栗きんとんの最盛期は9月から

資料：2017年９月筆者撮影。

2）クリ生産の概況

次に東美濃地域におけるクリの生産についてみていく。東美濃地域はクリ菓子産業が盛んであるとともに，岐阜県内で最もクリの生産量が多い地域である。

東美濃地域におけるクリの植樹・栽培の歴史は大正期に遡る。中津川市の駒場西山で林与八氏が栽培を開始し，1929年には8haをつくるほどに至った。次第に近隣の農家もクリ栽培を始め，1962年にはクリ生産者で組織される「恵那地区栗振興協議会（現・東美濃栗振興協議会）」が設立された[1)]。1977年から3年をかけて集団クリ園10.4haが造成されるなど，産地としての規模を拡大した。それと並行するかたちで，地域で作られた原料のクリを用いる，クリ菓子製造業が盛んになっていった。

続いて，クリ生産に関し，岐阜県と東美濃地域の位置づけを確認する。**表4-1**にはクリ生産が盛んな都道府県の結果樹面積と生産量（全国および収穫量上位5県）を示した。

農林水産省『耕地及び作付面積統計』によれば，日本におけるクリの作付面積は1941年の11,000haから徐々に増え始め，1975年の44,300haをピークとして以降は減少傾向に転じた。2013年には21,000haとピーク時の半分以下にまで落ち込んでいる。次に都道府県別にみると，クリの主な生産は茨城県，熊本県，愛媛県で行われており，3県の収穫量は全国の半数近くにのぼる。岐阜県のクリの収穫量の順位はそれら3県に続く4位である。収穫量，出荷量ともに，全国に占める割合は5％にも満たないが，10a当たりの収穫量は177kgと全国1位である。

岐阜県下では，東美濃地域が最大のクリ産地である。東美濃地域を管轄するJAひがしみのにおけるクリ出荷量の推移を**図4-1**に示した。JAひがしみのを介さないクリの出荷を含めれば，東美濃地域ではさらに多くのクリが出回っていると考えられる。2017年のJAひがしみのへの出荷量は148tで，直近の10年間の中で最も多い出荷量であった。栗の生産は天候に影響されやす

表 4-1　国内のクリの結果樹面積と生産量（全国と収穫量上位 5 県）

		1990 年	2000 年	2010 年	2013 年	全国に占める割合（2013 年）
全国	結果樹面積（ha）	34,500	26,400	21,700	20,600	100.0%
	10a 当たり収量（kg）	116	101	108	102	—
	収穫量（t）	40,200	26,700	23,500	21,000	100.0%
	出荷量（t）	30,100	18,400	17,100	15,500	100.0%
茨城	結果樹面積（ha）	5,350	4,510	3,950	3,810	18.5%
	10a 当たり収量（kg）	—	—	120	129	—
	収穫量（t）	7,020	5,520	4,740	4,910	23.4%
	出荷量（t）	6,180	4,490	3,790	3,990	25.7%
熊本	結果樹面積（ha）	3,900	3,430	3,070	2,870	13.9%
	10a 当たり収量（kg）	—	—	108	135	—
	収穫量（t）	5,430	3,430	3,320	3,870	18.4%
	出荷量（t）	4,860	2,990	3,000	3,500	22.6%
愛媛	結果樹面積（ha）	4,640	3,020	2,310	2,270	11.0%
	10a 当たり収量（kg）	—	—	81	70	—
	収穫量（t）	3,660	1,850	1,870	1,590	7.6%
	出荷量（t）	3,150	1,390	1,560	1,330	8.6%
岐阜	結果樹面積（ha）	850	675	597	562	2.7%
	10a 当たり収量（kg）	—	—	133	177	—
	収穫量（t）	1,390	1,060	794	995	4.7%
	出荷量（t）	968	790	591	763	4.9%
埼玉	結果樹面積（ha）	1,220	829	709	683	3.3%
	10a 当たり収量（kg）			102	98	—
	収穫量（t）	1,340	1,010	723	669	3.2%
	出荷量（t）	890	626	462	442	2.9%

資料：農林水産省「果樹生産出荷統計」より作成。
注：結果樹面積は「栽培面積のうち，生産者が果実を収穫するために結実させた面積」，10a 当たり収量は「実際に収穫された（生産者が収穫放棄した場合は除く）結果樹面積（パインアップルにおいては収穫面積）の 10a 当たりの収穫量」，収穫量は「収穫したもののうち，生食用，加工用として流通する基準を満たすものの重量」，出荷量は「収穫量のうち，生食用，加工用として販売した量をいい，生産者が自家消費した量，生産物を贈与した量，収穫後の減耗量を差し引いた重量」。

い。2017年は天候が良好であったため小ぶりではあるが，良質なクリの生産に恵まれた。

行政においては，関係者とともにクリの生産振興に取り組む動きを活発化させてきた。2006年には「東美濃“クリ地産地消（商）拡大”プロジェクト」を開始した。プロジェクトチームには生産者団体である東美濃栗振興協議会，JAひがしみの，中津川市，恵那市，県が参加する。個別の新規クリ栽培者への支援や，園地保有者の紹介，さらにクリ団地整備への支援などにより，

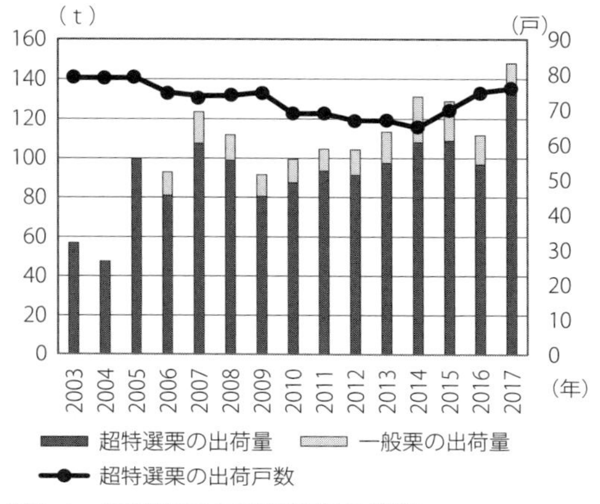

図4-1　超特選栗の出荷状況の推移

資料：JAひがしみの資料から引用。

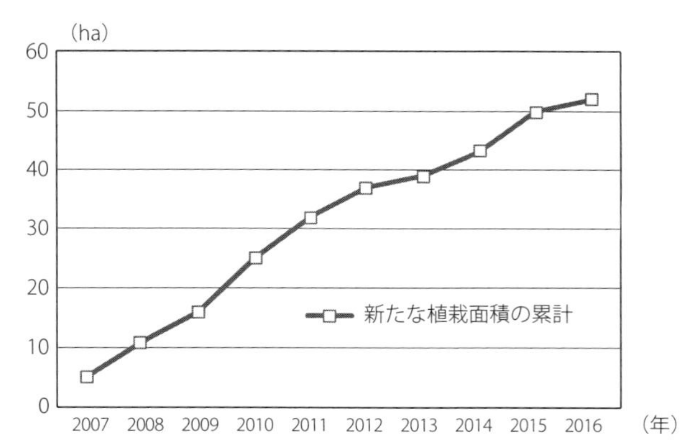

図4-2　東美濃地域におけるクリの新たな植栽面積

資料：JAひがしみの資料から引用。

植栽面積を増やしてきた（**図4-2**）。このようにクリの栽培面積や担い手の育成によりクリ生産の拡大を目指すとともに，実需者であるクリ菓子業者の実態調査などを通じ，クリの需要と供給，両サイドから課題の解消を進めてきた。地域の中で，クリ菓子製造と原料クリ生産の関係が再び強化されようとしている。

3）クリ菓子業者における原料クリの調達

続いて東美濃地域におけるクリ菓子業者における原料調達について確認しよう。もともとは栗きんとんという菓子はその地で採れた原料を使用し，その地で食され，原料生産と菓子製造は地域で完結していたといえるが，クリとクリ菓子の関係は，クリ菓子が産業として規模を拡大していく中で変化してきた。

東美濃地域の栗きんとんは地元で購入され，地元を中心に消費されていた。しかし，中央自動車道・恵那山トンネルが1975年に開通すると，全国的に流通するようになる。80年代以降には首都圏や関西の百貨店に並ぶようになったが，急激な生産拡大により地元のクリの供給が追い付かなくなっていった。こうした中，東美濃地域の多くのクリ菓子業者では大量生産に対応するため，県外からの原料調達に依存するようになった（和菓子関係者から聞き取り）。2006年に実施されたクリ菓子業者へのアンケート（東美濃“クリ地産地消（商）拡大”プロジェクトチーム実施）によれば，東美濃地域における年間クリ使用量は約1,000tと推計されている。この量は地域内の出荷量では足りず，その多くが熊本県をはじめとする九州産や，茨城県産など他県産により賄われているのが現状である。

このように，クリ菓子業者が機械化とともに量産化を可能にし，地域の産業へと発展していく一方で，地域で生産されるクリでは原料生産が追いつかず，市場流通を通じ，地域外のクリの使用が広がった[2)]。その結果，クリ生産者とクリ菓子業者の関係は希薄化することになった。

しかし，近年ではクリ菓子業者による地元産のクリの需要も高まりつつあるなど，変化がみられるようになった。東美濃地域のクリ菓子業者の中でも，いち早く地元のクリ生産振興に取り掛かった企業が恵那市に存在する。それが本章で取り上げる株式会社恵那川上屋（以下，㈱恵那川上屋）である。㈱恵那川上屋では1990年代から地元のクリ農家との契約栽培を進め，さらにはクリ生産を行うための農業生産法人を立ち上げた。次節から，㈱恵那川上屋が原料生産に関わってきた経緯とその意義について検証していく。

第３節　㈱恵那川上屋の概況

㈱恵那川上屋は恵那市に拠点を構える菓子業者である。現在は栗きんとんを主力に，クリ菓子を中心とした和菓子，洋菓子を製造，販売しており，厳密にいえば菓子製造小売業者ということになる。資本金は8,000万円，年間売上は23億円，従業員数はパート従業員を含め307名である（2017年時点）。

㈱恵那川上屋の経過について簡単に触れておく。創業者である鎌田満氏が中津川市内の和菓子店で修行したのち，1964年に恵那市にて「恵那川上屋」を創業した。現在は満氏の息子である鎌田真悟氏が２代目の社長を務め，満氏は会長に就任している。

創業後，㈱恵那川上屋は洋菓子を中心に販売するようになり，1978年には社名を有限会社ブルボン川上屋に変更した。この間に現社長の鎌田真悟氏は入社以前にフランスに渡ってパティシエとして修業した後，中津川でクリ菓子の製造に１年携わり，クリの加工技術を学んだ。その後，1998年に真悟氏が社長に就任した。ブルボン川上屋は2001年に株式会社里の菓工房に社名を変更するが，2008年には㈱恵那川上屋へ社名を変更し，現在に至る。

続いて，㈱恵那川上屋と関連会社を整理して説明する。

まず，㈱恵那川上屋単体をみていくと，製造工場については，恵那市にある本社に和菓子と洋菓子を製造する工場を併設する。中津川市内には焼き菓子を製造する第２工場をもつ。さらに，鹿児島県西表市種子島には，自社で製糖を行うための工場として種子島／里の菓工房をおく。

写真4-2　㈱恵那川上屋　恵那峡本店の店内

資料：2017年9月筆者撮影。

販売店舗は，本社工場に隣接している恵那峡店を含め，岐阜県内に７店，愛知県名古屋市に１店，東京都世田谷区に１店の計９店を開設する。このうち，飲食ができる店舗もあり，店内飲食用のメニューも販売する。その他，全国の百貨店を中心に催事出店も行う。HP上には，オンラインショップを開設しており，注文を受けた商品は工場から直送される。

写真4-3　恵那川上屋の店頭には様々な商品が並ぶ

資料：2017年９月筆者撮影。

次に関連会社や団体について説明する。一つめに，旧社名である里の菓工房を引き継ぐ「㈱里の菓工房」は，現在（2017年時点）は㈱恵那川上屋の持ち株会社となっており不動産・資産管理を行っている。二つめに，クリの生産を行うために農地を借地する農地所有適格法人（旧農業生産法人）である有限会社恵那栗を2004年に設立した。資本金は1,100万円で，2014年度の売上高は3,000万円である。2016年時点での借地面積は約20haで，うち10ha近くが耕作放棄地を解消した農地である。農業従事者数は４名で，常時従事者数は３名（うち１名は役員）と農作業委託者が１名で構成されている。2016年からは福祉作業所にも繁忙期の収穫作業を委託している。三つめは，新たなクリの生産・クリ菓子の販売拠点である「㈱信州里の菓工房」である。2008年に長野県飯島町に設立した。さらに熊本県菊池市にもクリの生産拠点を構えた。共同出資により設立した㈱和栗JAPANでは2017年にクリをペーストにする加工場を稼働開始した。四つめに，㈱恵那川上屋のブランドイメージの芸術家を擁する「㈶横井照子ひなげし美術館」を所有している。

このように，㈱恵那川上屋では関連会社を含め，地元の東美濃地域にとどまらず，広域にクリの生産拠点と加工施設を置き，クリの生産からクリ菓子の流通に至るクリ菓子産業の広範囲にわたって，事業を展開している。

第4節　地域農業への働きかけ

1）地元農家との契約栽培の開始

ここから，㈱恵那川上屋におけるクリの調達についてみていく。

1980年代，地元のクリ農家は近隣のクリ菓子業者にクリを納めていた。その多くはクリ菓子業者が指定する言い値により売買されていた（JAひがしみのから聞き取り）。当時，地元のクリ生産では東美濃地域のクリ菓子業者の需要量に対応しきれなくなっていた。

1980年代の終わりには，中津川市内のクリ農家は個人で地元のクリ菓子業者へ卸すか，農協に出荷するかのどちらかだった（JAひがしみのから聞き取り）。前者は作業的な手間がかからないが，決して高いとは言えない価格で取引されていた。後者の農協出荷にはさらに二つの出荷先があった。一つは近畿圏の生協への出荷販売がおもで，単価としては悪くはない条件だったが，生産者にとっては出荷用ネットに入れるという作業に手間を取られること，また，それぞれ個人で荷詰めをするため，生産者により出荷物にばらつきがあることなどの課題もあった。もう一つの出荷先は，㈱恵那川上屋である。㈱恵那川上屋ではコンテナに入れて運搬するため，クリ生産者にとっては作業の手間が省けることが魅力だった。㈱恵那川上屋は他社と異なり，地元のクリを使うことに意義を見出し，買い取り価格を高めに設定した。その代わりに，生産技術や出荷基準を統一するなどして質の良いクリ生産とその調達を行うための連携体制の構築に注力していった。

そのきっかけとなったのは，現代表の鎌田真悟氏が入社したことと，瑞浪店を開店したことであった。新たな店舗を開店するにあたり，取り扱う原料クリを増やさなければならなかった。そのため，鎌田氏らは，より多くのクリを出荷してもらうために，近隣の農家を一軒ずつ訪問することから始めた。そして1994年から地域の農家と契約栽培を本格的に開始した。初年度は10tからのスタートであった。鎌田氏の父の出身地である旧坂下町（現・中津川市）では，クリ団地内の12軒の農家と全量買い取りの契約を交わした。しかし，栽培や出荷の条件を厳しく設定したため，反対意見も聞かれた。

当時は，すでに近隣のクリ菓子業者の多くは市場と問屋を通じて，低価格で原料調達するようになっていた。農家のモチベーションを上げるために，㈱恵那川上屋では買い取り価格を地元の相場の1.5～２倍程度にまで引き上げた。さらに父・満氏の友人であったH氏が農家の代表として会社と農家の間に入り，まとめ役をかってでてくれたことで，生産者との関係をより強固にしていった。

クリ生産技術の普及に関しては，岐阜県農業試験場職員のT氏の果たした功績が大きい。T氏の指導を受けていた旧坂下町の農家には，T氏自らが30年を費やして開発した「超低樹高栽培」という方法が導入されていた。

ここで，超低樹高栽培について触れておく。元来，クリの樹は剪定しないと８m以上の巨木になり，手入れが大変になるうえ，日照が届きにくくなり，果実の生長にも影響を及ぼすことになる。これに対し，超低樹高栽培では，ある程度樹が育った段階で主幹を伐採することで，高さを止めて，枝が横に広がるように育てる。その結果，樹齢を重ねた樹でも低樹高を保つことができ，高齢者や女性でも作業がしやすくなる。このような剪定技術を導入することによって，品質向上と収穫量の増加が可能となった（超低樹高栽培については神尾ら（2003）などを参照されたい）。

T氏の出身地にあたる中津川地区の農家も途中から契約栽培に参加するようになり，他の地区でも中津川地区を見習う動きがでてきた（鎌田　2010, p.86）。

こうした周囲の協力もあり，徐々に地元農家のクリ出荷量は増加した。しかし，クリの調達を開始した当初は納入されたクリのうち５割相当が規格外で，クリの廃棄を余儀なくされていた。そこで，㈱恵那川上屋では廃棄率を下げるために，品質が上がればその分，買い取り価格を上げるという方針を取った。その代わり，出荷の基準をより厳しく設定した。

２）「超特選栗」生産者の組織化へ―JAひがしみの恵那栗超特選部会―

㈱恵那川上屋と生産者は話し合いを重ねながら，契約基準を更新し，生産面積を拡大していった。契約して４年目に入ると，クリの生産者は坂下，中津川，恵那，上矢作の４地区にまたがるようになった。各地区には「栗部会」ができ，地区間の生産者のつながりも増えた。収穫期の終わりには反省会が開かれるようになり，㈱恵那川上屋は農家との連携を深めていった。

1998年には，JAひがしみのに「超特選栗部会」が発足した。「超特選栗部会」は以前からあった「恵那地区栗振興協議会」の下部組織として誕生した。㈱恵那川上屋では技術指導を行うT氏に協力を仰ぎ，JAひがしみの，東美濃農業改良普及センター，そして県中山間地農業技術研究所と共同で，契約出荷の体制を強化するための中核的な組織をつくった。

この「超特選栗部会」の目的は，坂下地区の農家と契約した「特選栗」をさらに格上げし，超特選栗部会とJAひがしみのが規定した条件をクリアした「超特選栗」として栽培することにある。超特選恵那栗は栽培条件，出荷条件により規定されている。この超特選恵那栗を栽培する農家は登録制で，会員登録の選考基準も設けている。早生の収穫の前には，選果の基準を確認する「目揃い会」が開始された。「剪定士認定制度」も設けている。

JAひがしみのに超特選栗部会ができたことで，収穫，出荷，納入，加工までの工程がスムーズになった。これは生産者が組織としてまとまり，JAのサポートが加わることで，工程が一元化され，事務も一貫して行われるようになったためである。その効果は両者にとって目に見えて表れた。まず，㈱恵那川上屋では，自社での選別の人件費削減のみならず，原料の廃棄率を１～２％にまで低減することができ，菓子の品質向上をもた

写真4-4　特選栗部会総会のようす

資料：2017年12月筆者撮影。

らした。他方，農家にとっては契約栽培の規定が明確化され，買い取り価格の向上により所得向上につながった。

こうして，部会員のうち，基準を満たしたクリのみが，「超特選栗」として出荷され，これらは全量，㈱恵那川上屋に卸される仕組みとなっている。2016年度時点での生産者数は69名である。JAひがしみのには，超特選栗とは別に一般栗という出荷枠もある。一般栗には，超特選栗の基準を満たさないクリや，超特選栗部会に加入していない農家の出荷するクリが含まれる。**図4-1**に示したとおり，超特選栗の出荷量は着実に増えていった。

以上のような㈱恵那川上屋及びJAひがしみのによる取り組みは周囲からの評価も高く，2003年には超特選栗部会が「第33回日本農業賞・集団組織の部」の岐阜県代表として選ばれた。さらに㈱恵那川上屋では2005年「立ち上がる農村漁村30事例」，2008年「農商工連携事業88選」，および2010年「農商工連携で地域を活性化するポイント　ベストプラクティス30」に選出されるなど，農林水産省や経済産業省などから様々な場面で取り上げられるようになった。

一方で，新たな課題も残されていた。㈱恵那川上屋は事業を拡大する一方で，クリ生産量は頭打ちとなり始めており，さらなるクリ調達経路の確立が必要とされていた。

第５節　クリ生産事業の拡大

1）農業生産法人㈲恵那栗の設立

㈱恵那川上屋では農家ととともにクリの生産や出荷体制の整備を進めていったが，超特選栗の出荷量は2000年代に入り，伸び悩むようになった。開始当初では栽培に意欲的であった生産者も，時間の経過とともに高齢化が進み，生産者の後継者不足が問題となり始めた（鎌田　2010，p.129）。しかし，㈱恵那川上屋が事業を拡大していくためには，より多くのクリが必要となる。当時，目標とするクリ調達量は100tにまで増えていた。

そこで㈱恵那川上屋では次の一策として，クリの生産事業を立ち上げた。2004年，農業生産法人の㈲恵那栗を設立した。自社の出資により，クリの生産を開始したのである。

㈲恵那栗におけるクリ生産は以下のような目的がある。

第１に，地域におけるクリ生産の基盤強化である。その効果の一つに，㈲恵那栗という一つの組織において，栽培技術のノウハウを蓄積することが可能となった点がある。農家の場合には個人の特徴が出やすく，加えて後継者が不在のケースも多い。それに対し，単一の組織となってマニュアル化を進めることで，継承という面でその安定性を発揮することにつながった。さらに，関連会社が率先して質の良いクリを生産することで，地域の生産基準を引き上げることにつながり，他の農家を牽引することも可能となる。またこれ以外の効果としては，農家や行政をはじめとするクリ生産の関係者との連携体制を強化することにつながった点が挙げられる。㈲恵那栗では，㈱恵那川上屋を中心に，生産者組織としての超特選栗部会，技術支援や情報提供を行うJAや農業改良普及センター等と相互に連携を図っている。さらには，離農した人の畑や，耕作放棄地を借り受け，農地の有効活用も進むこととなった。このような地域貢献を通じて，菓子製造者と生産者という立場から㈲恵那栗とクリ菓子を地域の文化として広めるという責務も果たすことがで

写真4-5　㈲恵那栗が管理する圃場のようす

資料：2017年９月筆者撮影。

写真4-6　クリの選果作業を行う㈲恵那栗の社員の方々

資料：2017年９月筆者撮影。

きた。

第2の目的は，クリ菓子業者としての事業基盤の強化である。一つめに，㈱恵那川上屋では，原料調達の面で他社にはない強みを手に入れた。すなわち，原料の生産を事業として取り入れたことで，自社において，原料の生産，菓子の加工製造，販売に至るまでの一貫したプロセスを内部化したのである。

二つめに，地域の農業の振興の一端を担うことで，補助事業を受けやすいというメリットもある。例えば，低温により細胞組織を壊しにくいとされるCAS冷凍庫はJAを通じ，補助金を活用した。そして，自社自らが原料生産に携わることは社員教育にもつながる。原料生産を通じて，クリの生産の苦労を知り，クリがクリ菓子になるまでの工程を体験することで，顧客に対する商品説明もより深いものとなっている。

以上のように，農業生産法人の設立には多くのメリットがある。ただし，農業生産部門単体では利益を出すに至っておらず，あくまでも将来への「投資」として位置付けている。

このように，㈱恵那川上屋では原料の生産事業を立ち上げたことで，生産から販売までの和菓子のサプライチェーンを新たに構築している。2000年代の後半には，これらを強みにさらなる事業展開を図っていくこととなる。

2）他地域との連携体制の構築

このように㈱恵那川上屋では自社でのクリ生産を開始したが，クリ菓子の販売量は増加しており，必要とするクリの全量を賄うことはできなかった。しかし，土地利用や技術的な観点から見ても，近隣市町村や県内の市町村にクリの生産者を求めることは困難であった。そのため，さらなるクリの供給地を地域外に求めることとなる。

こうした中，㈱恵那川上屋がたどり着いたのが岐阜県の隣に位置する，果樹産地の長野県であった。南信に位置する飯島町に㈱信州里の菓工房を設立した。次章ではこの事例について詳しく説明しているため，本章では㈱恵那川上屋からみた飯島町でのクリ栽培の普及の経緯について述べる。

多くの自治体をまわる中，クリ生産に協力する意向を示したのが，飯島町の行政と農家であった。2004年に町行政とともに「栗の里づくり」計画に着手した。１年のうちに約70名の農家が栽培を開始し，2009年には製造・販売拠点となる工場兼販売店舗となる「株式会社信州里の菓工房」をオープンさせた。設立の際には農家が出資者として加わった。

飯島町において「栗の里づくり」計画を円滑に進めることができたのは，飯島町での農地利用を含めて，地域の農業生産に関して自治体が関与している点が大きい。全国的に耕作放棄地が増加する一方で，商工業者が農業へ参入するのは容易いことではない。㈱恵那川上屋においても生産者の確保が一番の課題となったが，飯島町の場合は行政が事業の窓口として対応したことで，事業を円滑に進めることができた。

㈱恵那川上屋では収穫が軌道に乗る５年後を見越して，製造工場兼販売施設を出店した。それは以下のような会社の理念に基づいている。

まず構想の原点は「地域（里）の素材（菓）を，地域の人々が地域で加工し，地域のお客様に喜んでいただく」という発想にあった（鎌田　2010, p.180）。農家や行政の人々と対話する中で，この「里の菓工房構想」の土台を固めた。その際，東美濃地域における農家や関係者との連携体制を飯島町においても適用できると考えた。

そして二つめに重要なのは，地域で採れた原料をその地域で加工し販売することである。飯島町の場合にも，地域内で加工し，地域の人へ販売する必要があるという思いに至り，原料調達にとどまらず，加工と販売拠点を設置することを決めたのである。

飯島町及び近隣市町村からのクリの出荷量は，現状50t前後で推移している（2016年現在）。信州里の果工房では，20tほどを商品に活用し，使いきれない場合には，㈱恵那川上屋の工場に搬入されてきた。ただし，2017年時点では販売量の増加に伴い信州里の菓工房でもクリが不足していた。なお，信州里の菓工房のクリを使用したクリ菓子は，㈱恵那川上屋においては「謹製」として販売される[3)]。

㈱恵那川上屋では，飯島町のみならず，複数の地域とともに新たな産地育成の取り組みに携わってきた。県外の生産者や行政からは多様な相談や要望が寄せられる。近年は新たに熊本や北海道においても技術やノウハウの移転を試みている。新たな産地の育成を可能としているのは，従来から取り組んできた地元の農家との連携や，菓子の製造・販売という広範囲にわたる自社での取組の蓄積によるところが大きい。自社を一つのモデルとして，他の地域へも総合的に提案できるという強みが，さらなる原料調達先の開拓に結びついているといえよう。

3）他産地原料と商品開発

ここまでクリの生産を中心にみてきたが，㈱恵那川上屋における商品開発にも触れておく。㈱恵那川上屋における原料へのこだわりと商品化の特徴について述べると，以下のとおりである。

第１に，㈱恵那川上屋ではクリ菓子の主な原料となる，クリの一次加工品の他，黒糖も製造している。㈱恵那川上屋ではクリの栽培を通じて，菓子製造に欠かせない砂糖に関しても，自然本来の味を追求するようになった。クリと同様，原料問屋に頼っていたのでは満足のいく原料を入手することは難しい。そのため，良質な原料を探すため自ら産地を巡り，2006年に種子島で黒糖の製造工場を稼働した。自社の製糖所を設けることが目的であったが，そのために黒糖の製法を一から習得した。

第２に，クリと黒糖以外にも多様な素材を現地から調達し，自社の商品に活用する点である。クリ供給地を探すことで生まれる他地域の生産者との出会いから，市場に流通しにくい原料も探しだし，魅力的な商品として活用することができる。

第３に，原料の一次加工を得意とする点である。原料の調達については先述したとおりであるが，恵那川上屋では単なる原料の調達にとどまらず，鮮度を維持するためのCAS冷凍庫の活用や，手作業による農産物の取り扱い技術の蓄積がある。このように，質の良い一次加工原料を確保する技術を習熟することで，これらを用いた多様な商品の加工が可能となっているのである。

第４に，鎌田氏本人のパティシエとして養った発想力である。それは洋菓子の開発だけでなく，和菓子に新たな可能性をもたらしてきた。例えば，規格外の小さなミカンの販売に困っているという農家から，それらのミカンを全量買い取ると，皮を剥き，CAS冷凍をかけ，その冷凍ミカンを餡と餅でくるんだ「ミカン大福」を開発した。これは人気商品となったという。ただし，このような新商品は必ずしも長続きしない。商品開発に協力した生産者が自ら起業したケースもあれば，現地の業者が類似商品の販売を開始したことで，原料を買い占められてしまうケースもあり，そうなれば商品の販売を断念せざるをえない。それでも鎌田氏は新たな原料を探し出し，商品化を続けている。そこには，自らの取組によってその地域が潤うのであればそれで良しとするという鎌田氏の考えと，常に新たな魅力のある商品を販売したいという高い意欲に基づいている。

そして第５に，鎌田氏がもつ，消費者への独特な認識である。その一つが，「地元の人は地元のものをそれほど食べたがらない」という認識である。例えば，岐阜県や長野県であれば，マンゴーや柑橘などその地で採れないものが人気商品になる傾向が強いと話す。これは農産物を生産する農村に近い場所に拠点を構えるからこその発想であろう。㈱恵那川上屋には地域の人を通じて地域のクリを使った商品を外へ売っていくという外向きのルートと，一方では地域外からクリ以外の素材を入れて，地域の人に食べてもらうという内向きのルートがある。この二つの流れが意識的にマーケティングに活かされており，地域住民，観光客，インターネットの顧客など，消費者のニーズに合う商品を常に模索している。

以上のように，㈱恵那川上屋では原料調達という強みを持つとともに，それを最大限に生かす発想力や加工技術を持ち，商品開発や販売マーケティングが活発に行われている。

第6節　クリ菓子業者によるクリ生産への接近

1）クリ菓子と原料クリの関係

ここまで東美濃地域におけるクリ菓子とクリの関係そして，㈱恵那川上屋と関連会社における農業や地域との関係についてみてきた。以下に要点をまとめる。

第1に，東美濃地域を対象に地域の面的な動きに注目すると，栗きんとんという銘菓をもつ菓子産地であり，尚且つクリの産地でありながらも，地元で生産されたクリは地元の菓子産業から切り離されていったという点である。

クリ菓子産業の発展において市場流通は不可欠であったが，大量流通のために効率性を優先することで成立したクリ流通では品質管理が軽視されてきた。それを実需者であるクリ菓子業者が問題視し，工程や管理を見直したことから，クリの生産者である農家と菓子業者は結びつきを強めた。その結果，地域一帯となったクリの産地の再編に取り組むことに繋がっていった。ただし，地域的な対応が進む東美濃地域ではあるが，農地及び担い手の確保を考えた場合，近隣で製造されているクリ菓子全量分を賄えるほどの原料クリは生産することができていない。㈱恵那川上屋のような構図を描くことが難しいクリ菓子業者においては，別の展開が必要とされるかもしれない。

第2に，㈱恵那川上屋の動きに注目すると，農家との契約や「農業参入」の実態は多様な側面を持っていた点である。それは，一つめに良質な原料調達の手段という側面である。ただし，そこにかかる支出は単なるコストではなく，農業への「投資」としての側面も持っていた。国内農業，農村の実態を直視すれば，その衰退傾向に危機感を抱くのは当然のことといえよう。このように考えれば，原料を確保するために農業生産や一次加工を率先して行う製造業は今後も増加する可能性が高く，引き続き菓子をはじめとする製造業の動向に注目していく必要がある。

二つめに，㈱恵那川上屋におけるブランド戦略として捉えることができるという面である。老舗の和菓子店が軒を連ねる東美濃地域の中で，1964年に創業した㈱恵那川上屋は後発の菓子業者に位置付けられる。クリ菓子の製造・販売において，伝統という側面では他社に対抗することは難しく，クリ菓子業者として自社独自の付加価値を訴求する必要があった。そこで㈱恵那川上屋では自社の強みとして，地元産のクリを用いることに注力したといえる。そして地元の農家とともに良質な原料を育て，それを原料として用いることが自社のブランドイメージを構成する基盤となっている。このような挑戦を経て，㈱恵那川上屋は東美濃地域でも販売トップクラスに，さらには全国規模の企業の一つとなった。

三つめに，このような一連の事業展開の背景には原料卸売の機能を自社に取り込もうとする菓子製造業者の革新性が指摘できよう。㈱恵那川上屋では，地元恵那市での取り組みの経験を活かし，熊本県や長野県にも関連会社を開設し，それらの地域でも地域農業に関わりながら事業を展開している。従来の菓子製造における原料調達経路に修正を加え，クリ生産からクリ菓子販売までのサプライチェーンを構築していくことは容易ではない。しかし，農業および農村に接近するという過程を通じ，農業を継続したいという生産者側からの要請に答えることで，従来の市場流通とは異なった新たな関係を構築しており，このことが和菓子製造小売店の事業展開にも影響を与えていることは明らかである。

2）新たなクリ調達経路を確立した意義

㈱恵那川上屋では地元のクリを原料として使用する中で，当時のクリ菓子業者の常識を覆した。すなわち，大量生産に対応することで変化したクリ流通における問題点を解決に導くことによって，新たな原料調達の経路を成立させたのである。

従来のクリ流通の問題としては，①品質管理の軽視と②農家の低収入が挙げられる。この２点について整理すると，以下の通りである。

第１の品質管理の軽視には，大規模な産地からの大量のクリ調達によるところが大きい。こうした流通方法は，効率は良いが，鮮度は看過されてきた。東美濃地域のクリ菓子業者は名古屋の市場卸を通じ，九州の産地との関係を深めてきた。しかし，クリを遠隔の生産地から調達した場合，燻蒸処理によるデンプンの固化と[4)]，トラック輸送による劣化の進行が避けられない。廃棄率も高く，選別作業に労働力を必要としていた。

第２の問題である農家の低収入については，クリ生産は粗放栽培が主流で面積あたりの収入が低い。年間収量はいわゆるオモテとウラの収量の波が大きく，果実の大きさも制御されない。全国的に農家の高齢化も進行し，後継者不足と廃園化が急激に進んでいる。

これらの問題について，㈱恵那川上屋では，近距離の生産者と契約を交わし，短時間の出荷と選別作業を徹底することで，クリの鮮度の向上と廃棄率の低下を可能にした。さらに，超低樹高栽培の選定方法を徹底させることで，比較的安定した高収量と大きさのクリの収穫を可能にしている。

その結果，調達したクリの廃棄率は低下し，選別作業の労賃も削減した。JAと直接取引を行うことで，市場卸業や仲卸業者への仲介手数料も必要ない。その分，クリの買取価格を上げることができるため，剪定や選別作業の対価として農家の所得として還元する仕組みを構築した。そして，品質管理を徹底したクリを原料として用いることで，より高品質のクリ菓子の製造ができる。

以上のように，㈱恵那川上屋は自社のみならず，生産者にとっても，消費者にとって望ましいクリの流通形態を構築したのである。

3）クリ生産者への影響

以上，菓子業者の視点からクリの調達についてみてきたが，他方のクリ生産者に目を向けると，以下の点が指摘できる。

第１に，現金収入という目に見える成果がもたらされていることは，生産意欲の向上において非常に大きな意味を持つ。ただし，剪定や選果，出荷方法などについては従来の管理・出荷方法や他産地のそれと比較すれば，農家の負担は大きい。それらに相当するだけの対価が生産者に支払われなければ，クリ生産の継続は難しいと考えられる。

第２に，自らが育て，出荷した高品質なクリが，身近な店舗に商品として並んでいることは大きなやりがいとなりうる。そして㈱恵那川上屋やJAをはじめ，関係者同士の情報交換や交流は地域の連携体制を継続するために欠かせない要因の一つになっている。

第３に，それにもかかわらず地域の農家では高齢化が進行しており，地域農家との連携という枠組みにおいてはクリの需要に対して生産の限界があった。後継者として若い農業者が加わるには，より大規模な農地の確保が必要となる。

このような状況下では，第４に，㈱恵那川上屋が農業生産法人を設立したことにより，耕作放棄地を解消し，農地保全を図るとともに，雇用というかたちで新たな農業の担い手を確保しつつある。地域のクリ生産者や関係者にとって，リーダーとして地域の農業生産を牽引する役割が期待されている。㈱恵那川上屋は今後，クリ生産を軸とした農業収入の安定と，モデル的な農業経営の確立を目指す。

最後に，㈱恵那川上屋では他地域までクリ生産を拡大し，産地としての育成を図るなど，事業の規模を拡大していた。新たな産地化の動きは，起点となった東美濃地域や他の既存のクリ産地にも刺激を与え，今後は新たな産地間の連携とともに競争が進むことも予想される。

このような取り組みは農業政策的にみても非常に画期的な事例だといえよう。

４）課題と展望

これまで見てきたような東美濃地域における取組を踏まえ，菓子産業をもつ地域において，原料調達を再興するための要件について考察する。この事例では，農家だけ，和菓子業者だけ，というそれぞれ単独では成立しない構図の中に，企業の農業参入があったことを指摘しておきたい。東美濃地域ではクリ生産・クリ加工に対する技術とそれを後押しする原動力が，地域の中ですでに醸成されていた。そこに県をはじめ行政による支援が加わり，高品質なクリを生産するための栽培技術が確立されていた。これらを基盤として，㈲恵那栗では10年以上にわたる事業継続が可能となっていることを踏まえると，本事例は特殊で先進的な事例として位置付けられよう。

㈱恵那川上屋の事例は，現状の菓子産業全体を見渡しても決して多くはない。ただし，6次産業化あるいは農商工連携と言われる取り組みについて，今後は次のような視点が必要とされるであろう。すなわち，1地区で生産・加工・消費が完結するような規模のケーススタディと，本事例のような県外にも店舗を持つなど大規模な展開をしていく中で，さらなる原料の確保に取り組まなければならないという背景を持つケーススタディとでは，その展開が大きく異なるという点である。今後，和菓子業者による地域内での原料調達を考える上で，両者を単純に比較することは難しく，慎重に議論を進める必要があるだろう。

大規模な菓子製造小売業者になればなるほど，その事業規模に対応するよう原料の調達量を調整しなければならない。同時に，農業への投資をどの程度図っていけるかという点も課題となる。今後もこのような菓子企業において，何が事業を拡大していく上で，何がボトルネックになっているのか，今後も検討していくことが必要とされよう。

注

1）恵那地区栗振興協議会は1962年に誕生した後，2002年のJA合併に伴い，現在の名称へ改名した。
2）クリ菓子が産業として発展すると，地域内のクリでは需要を満たすことができなくなる。地域外の産地との関係を深めることで，原料の課題を解消すると指摘する。このような動きは長野県小布施町においても同様にみられる（元木　2015）。
3）恵那川上屋では超特選恵那栗を使用したものと区別するために，他地域の栗を使用した商品を「謹製」と称し，販売している。
4）収穫後に殺虫のために行われていたが，2015年に全面廃止となった。クリのデンプンが固化することで，食感が硬くなるとされる。

参考文献

鎌田真悟（2010）『日本一の栗を育て上げた男の奇跡のビジネス戦略』総合法令出版。
神尾真司・田口誠・柳瀬関三（2003）「クリの超低樹高栽培に関する研究（1）」，『岐阜県中山間農業技術研究所報告』第2号，pp.27-32。
髙橋みずき・大内雅利（2014）「地域農業の展開と農業・農村の6次産業化―長野県飯島町における農産加工事業を中心に―」『明治大学農学部研究報告』第63巻第4号，pp.81-102。
ひがし美濃広域観光ネットワーク会議（2006）『栗全書』デジタグラフィックス。
元木靖（2015）『クリと日本文明』海青社。

（髙橋みずき・竹島久美子・曲木若葉）

第5章

和菓子企業と地域農業との連携
―長野県飯島町㈱信州里の菓工房を事例に―

第1節　はじめに

本章では和菓子企業と地域農業の連携の一事例として，長野県上伊那郡飯島町で事業を展開する㈱信州里の菓工房の事例を取り上げる。㈱信州里の菓工房（以下，里の菓工房）は前章で取り上げた㈱恵那川上屋と長野県上伊那郡飯島町との農商工連携の取り組みを発端として，2008年に飯島町の道の駅（旅の里いいじま）に隣接する和菓子・洋菓子の製造販売を手掛ける企業である。里の菓工房の特徴的な取り組みとしては，中心的な原料の一つである栗を現地の生産者から調達している点である。両者の連携の実態を分析するには，製造業側，生産者側両面からその展開を追う必要がある。本章では，里の菓工房が飯島町に立地するまでの経緯と，飯島町でとくに栗生産を多く手掛ける（一社）月誉平栗の里との連携およびその経営展開を明らかにしていきたい。

第2節　飯島町の概要と地域農業システムの取組

分析に入る前に，本章で対象とする長野県上伊那郡飯島町および地域農業の概要について示す。飯島町は長野県南部，伊那谷のほぼ中央部に位置し，標高約500～840mに及ぶ中山間地域である。総土地面積は8,694ha，経営耕地面積は1,190haで，総農家戸数は1,056戸であるが，高齢化が進んでいる地域である。伊那谷地域は1960年代ごろより進んだ農村工業化の影響もあり，精密機械工業の立地が相次いだ地域である（中央大学経済研究所　1982）。

基幹作目は水稲であるが，1970年代よりリンゴやナシなどの果樹生産も盛んに取り組まれるようになる。しかし1990年代に入ると，高齢化等を背景としながら果樹の生産は減少傾向に入るようになり，近年は元樹園地が遊休荒廃地となるなどの問題が生じている[1)]。

また飯島町には，「飯島方式」と呼ばれる独自の地域農業システムが存在する。ここで飯島方式について詳細に論ずる紙幅はないが（詳しくは星・山崎編（2015）参照），本章で必要な限りについてその概要を示そう。というのも，後述するように和菓子製造業の進出と飯島町の地域農業システムは密接に連関しているためである。

飯島町では1960年代より地域での農業生産振興政策に取り組み続けていたが，当初は個別農家を対象とした政策が中心であった。しかし1986年に設立された「飯島町営農センター」（以下，営農センター）の設置に伴い，それまで個人完結型となっていた農業経営の形から，地域ぐるみの営農支援に舵を切ることとなった。こうした方向転換の背景には，それまで地域の農業生産を担ってきた個別農家が高齢化とともに農地の貸し手へと転化し，農地の借り手や転作対応者の不足が課題となりつつあったことがある。

営農センターは，町全体の農業・農村振興方策の策定と推進，その評価を行う機関であり，全農家参加型で，町，農協や関係団体等から構成されている。具体的な取り組みとしては，町全体の農地利用調整，複合化の推進，また農業生産の担い手としての法人経営の設置など多岐にわたるが，６次産業化の振興政策もその取り組みの一つである。６次産業化への取り組みは1990年代からの女性グループの活動から始まったが，2000年ごろからはこうした女性グループの取組への男性の関与や，「農事組合法人」の加工施設の経営への参画，道の駅の設置による販路確保などの展開が見られるようになる。そして2000年代中盤に入ると，所得確保の手段として，改めて加工部門含めた６次産業化の展開に注目が集まるようになる（髙橋・大内　2013）。またこの時期は農地の貸付が加速する中，地域内の農地の面的な利用を図り，かつこれを維持保全する主体として，「地区担い手法人」が2007年までを目標に各地区で設立された。後述する㈱田切農産もこの「地区担い手法人」の一つであるが，とくにこの地域では条件の悪い傾斜地や元果樹畑などの遊休荒廃地化が問題として残されていた。

以上のように，飯島町は1980年代より本格化した地域ぐるみの農業振興政策の実績があり，また６次産業化についても既に試みられている地域であるが，中山間地域という土地条件から条件不利地の利用などの問題が生じている地域であった。こうしたことを背景としながら，㈱恵那川上屋との連携の中で里の菓工房が展開することとなる。

第３節　和菓子製造業者と飯島町との連携の経緯

続いて，㈱恵那川上屋と飯島町との連携の経緯について見ていこう。前章でも見たように，㈱恵那川上屋は1985年より地元に栗の部会を作り，品質の良い栗を通常の流通価格の２～３倍の値段で買うという契約の下，岐阜県周辺の農家に栗の栽培を依頼していた。しかしながら，取り組み開始当初から栗の栽培に取り組んでいた岐阜県の生産者が年々高齢化し，200tの栗を必要としているにも関わらず，地元の生産者からは100t程度しか調達できないといった問題が生じていた。そのため，㈱恵那川上屋は新しい栗の供給地を求め，岐阜県内の別地域をあたったものの，うまく要望に合う自治体を見つけることができなかった。こうした中，新たな栗の産地として手を挙げたのが飯島町である。

飯島町が栗の導入に乗り出した背景には，先述したような遊休荒廃地化する樹園地の土地活用が地域の課題であったこと。また，栗は省力的で，かつ樹高を下げた栽培技術を導入すれば高齢者や女性でも取り組みやすい作目ということがあり，遊休荒廃地と高齢化に悩む飯島町にメリットの多い作目と考えられた。こうして飯島町に加工施設と販売拠点を併設することを条件に，2003年に両者は合意に至り，「栗の里づくり」計画がスタートすることとなる。

「栗の里づくり」計画の経緯については**表5-1**に示したが，まず営農セン

表 5-1 「栗の里づくり」の経過

年	株式会社里の菓工房	飯島町・栗生産者
2004	栗生産について町へ正式要請	「栗の里づくり計画」開始，恵那市へ視察
2005		栗苗配布，植栽スタート
2006		「飯島町栗研究会」が発足 県補助事業で大幅に植栽増加　9.5ha
2007	「信州里の菓工房設立準備会」発足	町単独事業で植栽　1.5ha
2008	「信州里の菓工房」設立	「恵那川上屋」へ出荷開始　2.8 t
2009	「広域連携アグリビジネスモデル支援事業」採択	町単独事業で植栽 4.0ha 信州里の菓工房へ本格出荷
2010	工場兼販売店舗完成，開店	社団法人「月誉平栗の里」発足
2012		株式会社「七久保栗の杜」発足 栗部門として農協果樹部門へ加入

資料：高橋・大内（2013）表 10 より作成。

ターが中心となり，栗づくりへの参加呼びかけを開始した。とはいえ，飯島町はそれまで栗の産地ではなく，農家も当初は新規の作目の導入には消極的であったため，農協が個々の農家に作付けを依頼することとなった。その取り組みの甲斐あって，2006年春には約60名で上伊那農協の果樹部会の一つとして「飯島町栗研究会」が結成されるに至った。生産者代表が会長を務めているが，生産者のほぼ全員に栗の栽培経験はなく，また退職者や退職を間近に控えた者も多かった。しかし元々県の普及員を務めていたJAの技術担当者による熱心な指導の下，栗の植栽は順調に進むことになる。その後，栗の本格的な出荷が始まる2009年にむけ，2008年に里の菓工房の工場が設立された。また広域連携アグリビジネス事業（農林水産省公募事業）に採択されたこともあり，2009年には工場併設とともに加工販売事業を開始した。

写真5-1　圃場での剪定講習会のようす

資料：2013年2月に筆者撮影。

第４節　㈱信州里の菓工房の経営

１）経営の概要

続いて，里の菓工房の経営について見ていこう。資本金は350万円で，地元の農業者34名と２法人が出資している。事業としては和菓子・洋菓子の製造と販売に取り組んでおり，現在のところ菓子関係以外の事業には取り組んでいない。和菓子・洋菓子の両方に取り組んでいるのは，長野県は和菓子文化が根付いておらず，洋菓子のほうがなじみやすいという考えもあったこと，またどちらか一本でやっていくには，ある程度人口のある地域でないと難しいと考えためである。なお，本店の㈱恵那川上屋が栗一本で取り組んでいるのに対し，里の菓工房は現在でも製造した菓子のうち，栗を用いた菓子の売り上げは1/3程度である。これは後述する地域の食文化の違いから，長野県では栗のみで取り組んでいくのは困難と判断したためである。

2013年度の売上額は３億5,000万円で，内訳は店頭販売が２億円，ペースト加工した栗の本社への販売が5,250万円，他は百貨店の催事ギフトなどでの販売である。なお，2013年度は伊勢丹ギフトで5,000個を販売し，販売額ではトップであった。飯島町の道の駅に隣接する店舗への来客者一人あたりの購入額は1,800円であり，2013年度は11万１千人程度来客したとのことである。客層としては地元在住者が半数以上であり，夏から秋にかけては観光客も多く訪れる。商品の平均単価は1,000円で，うち材料費が40％，さらに製造費用を入れると60％となる。商品の売れ筋は栗きんとんとモンブランである。モンブランはとくに秋頃に売行きがよく，週末には１日200個出ることもある。また開発会議を１か月に１回行い，新商品の開発にも力を入れている。ただし定番商品となるのは開発した商品のうち１割程度である。

2015年現在での従業員数は32名で，うち製造に従事する者が20名，事務員が２名，販売員が10名である。従業員は正社員とパートが半々であり，製造・販売とも女性が多い。全員が地元に在住する者で，５～６名は地元にUターンしてきた人たちである。また栗のペースト加工を行うシーズンには，シルバー人材を10名ほど雇用し，悪い栗を除く作業を依頼している。本来であればもう少し雇用を増やしたいが，そのためには事業自体を拡大する必要があること，また閑散期（冬）と繁忙期（夏～秋）の差が激しいため困難とのことであった。

写真5-2　信州里の菓工房の外観

資料：2017年６月に筆者撮影。

2）地域への定着過程

飯島町との連携の下設立された里の菓工房であったが，ここで製造される菓子が地元に受け入れられるにはさまざまな紆余曲折があった。

その第一の理由は，里の菓工房は設立当初より「新しいもの好き」とする地元の住人を顧客ターゲットとしていたが，㈱恵那川上屋の立地する岐阜県と長野県の上伊那地域とでは菓子をめぐる文化に大きな違いが存在したためである。㈱恵那川上屋が位置する岐阜県は元々和菓子や栗へのなじみが深い地域であるが，上伊那地域は栗の産地ではなく，また栗がなくとも果物等の素材が豊富に存在するため，数ある嗜好品の中で栗菓子が候補になりにくいということがあった。さらに上伊那地域には生菓子を食べる文化もなく，また㈱恵那川上屋の味では甘すぎることもあった。第二に，設立当初は従業員に菓子の製造経験者がおらず，３か月の研修を積ませたものの，商品へのクレームも多かった。こうしたこともあって思うように売れず，設立当初の売り上げは１億9,000万円

写真5-3　店内の様子

資料：2017年６月に筆者撮影。

程度となったものの約8,000万円の赤字となってしまった。その後，上記の点の改善を経て，現在は「お菓子として一番おいしい」と言ってもらえる水準にまで認めてもらえるようになったとのことである。

３）地元生産者との連携と地元食材利用のメリット

続いて，地元で栽培される栗について見ていこう。

里の菓工房が操業を開始したのは2009年であるが，この時点で80件の生産者が計20ha，40t分を作付けていた。現在はさらに生産者が増え，100件程度が30haを作付けている。このうち２件が栗の栽培を目的に近年新たに設立された法人経営による作付けで，作付面積全体の1/3を占めている。圃場は飯島町だけでなく，隣接する駒ヶ根市にも存在する。作付けている農地の地目は畑地が大半である。栗の菓工房は栗の生産について，１～２ヵ月に１回，地区の役員と話し合いを行っており，また定期的に剪定の勉強会や目ぞろえ会（基準の統一化）を行っている。栽培方法については県の基準に準拠しているが，栗部会で統一を図る努力をしており，また肥料や農薬などの栽培技術のチェックはJAが行っている。

栗の収量は10aあたり250～300kgであるが，植えてから10年目以降収量が増えていく。里の菓工房では今後，100tの確保が必要となるため，将来的には50haくらいにまで植樹面積を増えてほしいと考えている。他方で，栗の生産者には高齢者が多いこともあり，既に栗の栽培を辞めてた人も出始めている。上述した栗生産法人はこうした農地の受け皿にもなっている。

買い取る栗の単価はサイズによって異なる。というのも，鬼皮が大きいため，サイズが小さいと鬼皮の比率が上がり，ロスが多くなるからである。品種は里の菓工房が指定した「丹波」と「筑波」を中心としているが，品種による単価の差はない。価格は年に１回協議するが，毎年市場価格の２～３倍で買い取っている。収穫されてくる栗のうち９割がLサイズ，のこり１割がMサイズである。2014年時点でLサイズの引き取り単価はkgあたり780円で，ここから農協の手数料を２～３％引き，農家の手取りはkgあたり700円となる。Mサイズはkgあたり580円である。収穫時期は９月10日から10月中旬にかけて行う。収穫シーズンになると朝５時に収穫し，個々の生産者で収穫した栗を水に入れて浮き栗を捨てる。これを乾燥させたのち，13時に生産者が選果場に栗を持ち寄り，出荷者全員で再検査，計量を行ったのち，14時に工場に出荷する。収穫された栗の８割は翌日までにペースト状に加工される。収穫の次の日に加工作業を行っているのは，栗は日が経つと香りや痛みが生じやすいためである。なお，ペースト状に加工した栗は㈱恵那川上屋と同様に，CAS冷凍という味を保つ技術を備えた冷凍庫で保管することで鮮度を保っている。

2015年時点では地元産のみでは栗が足りておらず，九州から20tを購入していた。ただしこちらは質が悪く，４割程度が廃棄となる。それに加えて輸送費もかかる。代表者によれば，九州では生産者の手取りがkgあたり100～200円程度にとどまっており，こうした手取り額の違いが，農家の意欲も差が生じることになり，栗の質にも影響してくるとのことであった。

原料の地元調達は，信州里の菓工房の設立当初の目的かつ理念であるが，こうした取り組みのメリットとしては，地元への経済効果があること，生産者が見えること，栗の鮮度や品質を自分の目で確認できることのほか，生産者にとっても自身の作った栗を用いた菓子というのが目に見え，いっしょにブランドを作り上げているという意識に繋がることがある。一方で問題点は，地域が天候被害を受けた場合，リスク分散ができないため，量が安定しないということがある。とくに雹が降ってしまうと収量への影響が大きい。

こうしたこともあり，現在，安曇野市のリンゴの荒廃地に新しく栗産地を作り，加工場を作ってリスク分散を図る計画がでている。ただし，栗の生産のみで家族で食べていくには３haほど栽培する必要があるが，栗に取り組む人は定年退職した人たちが多く，将来的に高齢化は避けられないことを考えると，飯島町と同じく組織を作って取り組む必要があるとしている。また高齢化で生産量が減少している岐阜県の方でも独自に栗生産法人を立ち上げ，10年目でやっと軌道に乗ってきたところである。なお，栗以外の菓子原料は，柿，リンゴ，洋ナシ，紅イモなども調達している。

またこれ以外に，地元との関わりとしては，収穫祭と創業祭の実施，花壇づくり，栗拾い体験，お菓子作りなどのイベントを定期的に行っている。こうした取り組みは生産というよりは地域活性化に近いが，当初はこうした地域活性化の取組への目的意識はそこまで強くなかったという。しかしながら最近は「地域から人が減っていってしまう」という不安を感じるようになり，地元に人を集めるきっかけをつくろうと，里の菓工房が主体となって様々な企画に取り組むようになったとしている。

４）今後の展望

今後の展望としては，生産面では柿の契約栽培を行いたいと考えている。販売面では認知度向上に向け，2015年長野駅ビル内に，2017年に長野市善光寺近くにサテライトショップを出店した。というのも，長野県の有名観光地は北部が中心で，南信州にまで足を運ぶ観光客が多いとはいえないことから，まずはこれらのサテライトショップで里の菓工房と南信の魅力を知ってもらいたいと考えているためである。また新たな商品としてはそばの菓子の開発を進めてきた。飯島町では県内産ソバの原種生産を９割以上担っていることから，地元で生産されたソバと栗や柿を合わせた商品を特産品として育てていきたいと考えている。

第５節　栗生産法人の取組

以上，ここまで里の菓工房の経営について見てきたが，ここで栗を供給する側の事例として，地元の農家が設立した栗生産法人「社団法人月誉平栗の里」についても紹介する。なお，飯島町にはこの法人とは別に「株式会社七久保栗の杜」（2012年設立）という栗生産法人も存在する。

月誉平栗の里（以下，栗の里と略称）は2011年に地権者45名によって結成された一般社団法人である。月誉平とは飯島町の田切地区の一角にある小高い台地の一帯を指し，戦前に開墾が行われたが，近年は畑地の荒廃が課題となっていた。そこで荒廃した農地の５haを栗畑へと再生し，農地の維持管理を図る目的で地権者達によって設立されたのがこの法人である。栗を選んだ理由としては，①2009年に町が農商工連携事業で誘致した里の菓工房との連携が可能であること，②省力的な作目であること，③構成員に果樹栽培経験者がいるため，栽培技術を生かせることなどがある。設立にあたり，運転基金の一部を里の菓工房から仰ぎ，また一人一票の議決権を持てる一般社団法人の形態を取ることにした。基金（株式会社でいう資本金）は450万円で，うち65％が里の菓工房から，35％が地権者や他の法人からとなっている。なお，栗の里が位置する田切地区は，飯島町の「地区担い手法人」の一つである㈱田切農産が展開しており，以下で見るように経営的には密接な関わりがある。

経営耕地面積は2013年現在で530a，うち水田が130a，畑が400aであり，栗の里が地権者から借地している。これは，一般社団法人は農地の取得ができないためである。地代は畑が10aあたり１千円，水田が３千円である。作付構成は栗が480a，ソバが180a（栗間作），とうがらし30a，大豆20a（2013年から開始）で，とうがらしは雇用創出，ソバは栗苗木の間作，大豆は荒廃防止のために作付けしていた。またこれ以外に構成員用の菜園地が30a存在し，利用者からは利用料を徴収している。作目販売以外の事業としては，栗園の一括作業受託（2013年現在10a），畦畔管理作業（330aを田切農産から受託。年３回以上の除草で10aあたり9,000円/年），栗剪定作業受託（60a，３戸）となっている。また地区のイベントの際にはおこわや栗菓子の販売も行う。栗の主な作業としては，栗の栽培にともなう剪定作業，草刈，中耕，消毒，収穫といった作業である。年間の作業計画は営農部会で決め，理事会にかけたのち，「月誉平通信」という会報で各戸へ告知し，地権者とその家族から優先的に出役者を募っている。

役員は８名で全員60歳以上であり，うち農外就業従事者は62～64歳の３名（日雇い），うち２名は専業農家である（2013年現在)。彼らが法人から受け取る報酬は，役員報酬，作業出役賃金，法人への機械レンタル料である。出役日数は年齢によって差があり，65歳以上が70～100日（４名），65歳未満が20日以下（４名）である。ここから，年金受給開始年齢とともに農外就業をリタイアし，法人への出役日数を増えていることがわかる。また役員以外に地権者の中から女性のパート従業員を６～７人雇用しており，彼女らはとうがらし収穫，栗の収穫・選別に従事している。作業は栗の収穫が９月前半から10月初めまでの約１か月，唐辛子収穫が７～９月，鷹の爪が10月下旬からの５日間となっており，パートの作業は７月～10月下旬までほぼ連続的に行われる。また栗の収穫時期には栗の選定作業があるが，これは役員のみの仕事である。男女・熟練度かかわりなく，賃金は一律して時給800円である。

写真5-4　月誉平栗の里の圃場に植えられた苗木

資料：2013年2月筆者撮影。

機械は防除用の自走式スピードスプレヤー（190万円）のみ所有しており，除草や耕起に必要な機械は構成員から借り受けている。またソバ・大豆の播種および収穫等の機械作業は田切農産に委託している。2013年の栗の生産量（見込み）は1.8t（規格品）で，これはJAを通じ里の菓工房に販売される。また規格外の剥き栗（0.3t），焼き栗用（0.2t）はJAに出荷する。とうがらしは2013年計画では４t出荷を予定しており，こちらは田切農産と出荷契約を結んでいる。

表5-2は栗の里の経営収支（2012年度）を示したものである。栗の利益が出るのは８年目からであるため，2012年時点は収入456万円，支出489万円と33万円の赤字であるが，最終的には栗だけで５ha，100t出荷，売上年間1,000万円を目指している。収入としては栗が200万円と最も多く，続いてとうがらし107万円，戸別所得補償（ソバ）が82万円，作業受託26万円となっ

表 5-2　栗の里の経営収支（2012 年）

（単位：円）

収入		支出	
栗販売	2,003,935	栗費用	307,879
ソバ販売	212,310	そば費用	555,769
とうがらし販売	1,066,280	とうがらし費用	219,669
作業受託	259,929	イベント支出	135,540
戸別所得補償	824,475	諸材料費	46,022
イベント収入	163,567	土地利用費	96,275
会費	25,000	雇用費	2,698,600
菜園利用料	2,947	福利厚生費	82,632
		作業委託費	291,315
		動力光熱費	28,973
		農機具費	26,963
		修繕費	93,453
		機械貸借料	306,820
計	4,558,443		4,889,910

資料：聞き取り調査より作成。

ている。また支出の項目を見ると雇用費が270万円で圧倒的に多いが，仮に年間70～100日出役する４名がその60％を受け取っていると仮定しても，一人当たりの受取額は40万円ほどにすぎない。また役員報酬もトータルで20万円以内に抑えられている。よってこうした報酬のみで生計を立てることは困難であると考えられることから，栗の里の役員は定年退職をむかえ，年金を受給している高齢者によって支えられているといえよう。

今後の組織運営については，定年をむかえる構成員に声をかけて役員を確保していく予定であり，すでに何名かその見通しのある構成員に声をかけているとのことであった。また通年雇用の仕組みをつくることを考えているが，その場合も60歳過ぎの人材を想定している。とはいえ栗の里のそもそもの目的が地域資源管理（農地の維持管理）であるため，この目的と通年雇用とをいかに兼ね合わせていくかが課題となる。飯島町近隣には定年後も元の勤務先での嘱託雇用が可能な企業が多いため，彼らを通年で農業に引き入れたいと考える場合には，労働に見合った報酬についても考える必要がある。また高齢化から栗畑の管理を受けてほしい，㈱田切農産からは草刈りをお願いしたいという声があり，こういった要望に応えていく必要性を感じているとしている。

第６節　総括

本章では，長野県上伊那郡飯島町を対象に，栗の原料を求め進出してきた和菓子製造業者と原料を生産する地域の生産者との連携の実態を明らかにしてきた。ここで取り上げた信州里の菓工房と地元の栗生産者との連携が比較的順調に進んだ背景には，原料生産側である飯島町では栗の菓工房の進出以前から地域ぐるみで町内の営農方針を決める取り組みが行われていたことが大きかったといえよう。というのも，栗は一年で成果がでるものではなく，収穫に至るまでには数年単位の計画を立てる必要があることに加え，栗の生産に携わったことのない高齢者を生産者として位置づけるには，JAや役場などの指導のもとでの組織的な取り組みが不可欠であったためである。また里の菓工房の代表者によれば，６次産業化は加工して販売する場所が無ければできないため，これが成功するかは，行政がどこまで本腰を入れて支援をしてくれるかにかかっているとのことであった。

また飯島町側も単なる原料供給として取り組もうとしたわけではなく，栗の生産を農地保全活動と結び付けており，さらに新たに栗の産地化およびブランド化に取り組むことで，地域全体の振興にも結び付けていた。そしてこうした地域振興と結びつけた原料生産の取り組みは，生産者のモチベーションを維持する上で非常に重要と考えられる。なぜならば，栗は通常の流通価格よりも高額に引き取られるとはいえ，それのみで生計を立てる所得水準に達するには相当規模に取り組まなければ難しい作目であることから，現状は農外就業をリタイアした高齢者が地域振興と地域資源の維持のために貢献するという，ボランティア精神に立脚しているところが大きいためである。加えて，高齢者は生産現場からの引退も早く進むことから，継続的かつ長期的な原料供給を行うには，新たな高齢者を常に確保する体制を作り上げる必要性がある。そのためには，栗づくりの取り組みが地域の資源を守り，かつその振興に結び付くものという地域の共通認識の下，高齢者の魅力的な活躍の場として位置づく必要があるといえよう。

本章で対象とした飯島町における和菓子製造業者の進出と地域農業との連携は先進的な事例であるが，本章で見たように，和菓子製造業者が新たに農村地域で原料供給者を見出し，長期的に連携するにあたっては，ブランド化のように生産者のモチベーションや地域振興と結びついた展開が求められるといえよう。とはいえ，栗の里は調査時点では取り組み開始から日が浅かったこともあり，十分な経営分析を行うことができなかった。今後の課題としたい。

注

1）以上の詳細は星・山崎（2015）参照。

参考文献

髙橋みずき・大内雅利（2013）「地域農業の展開と農業・農村の６次産業化―長野県飯島町における農産加工事業を中心に―」『明治大学農学部研究報告』第63巻第４号，pp.81-102。

中央大学経済研究所（1982）『兼業農家の労働と生活・社会保障―伊那地域の農業と電子機器工業実態分析』中央大学出版部。

星勉・山崎亮一編著（2015）『伊那谷の地域農業システム―宮田方式と飯島方式』筑波書房。

（曲木若葉・髙橋みずき・竹島久美子）

コラム　土産物としての菓子　後編

―「TOKYOの畑から」の取り組みの経験から―

ご覧いただいたとおり，本書では和菓子企業が地産地消やブランディング，原料確保の観点から地域農業との関係を持とうとしている事例を取り上げています。ナショナルブランドとの対比で考えてみたときに，「地方―ローカル―」だからこそ，「そこでしか生産できない原材料で」，「そこでしか製造できないお菓子を」，究極的には「その時，その場所で食べることに意味がある」という空気感に，どれだけ消費者を巻き込めるのか，という部分がキモとなるのではないかと思われます。もちろん，このような取り組みが唯一の正解だということでは全くなく，そもそも全国的に知名度の高い和菓子企業の事例をいくつか取り上げていることもありますし，そのような企業であっても原料を確保するために地域との関係性を重視しているという点が，「国際化の中の地方―グローカル―」という視点の中で位置付いてくるのではないかと思います。

しかしながら原料調達に係わるこのような取り組みは，その地域に農産物，あるいは農地という地域資源があったときに，初めて可能となるものです。その地域の特産物を利用した加工品であれば，その「地域らしさ」を武器にできるわけですが，そういった特産物があまり見当たらない場合，お土産物としての商品のプロデュースはどこまで可能なのでしょうか。

本コラムで取り上げるのは，すでに終了してしまった試みですが，「TOKYOの畑から」というプロジェクトです。どんなプロジェクトだったかといいますと，JR東日本を中心とした５社が，東京都内で生産された農産物を使ったお菓子の製造･販売に取り組むというものでした。東京を代表する土産物のお菓子となると，和菓子であれ洋菓子であれ，歴史的，文化的に根付いている商品が多くあげられるかと思います。また，そのほかにも，はやりすたりがめまぐるしいなかで様々な商品がいたるところで開発され，店頭に並び，日本全国に持ち帰られて消費されてきました。このようなモノがあふれる時代，改めて考えると東京産の素材を使った東京ならではのお土産物はあまり作られていないということに気づいた企業（JR東日本，農事組合法人和郷園，洋菓子メーカーのブールミッシュ，JR東日本の駅構内の商業施設（エキナカ）を運営するエキュート東京，食のマスメディアである料理通信社）が，「TOKYOの畑から」という東京産の原料を使った商品の製品化に取り組みました。

すでにプロジェクトは終了しており，その情報を知ることのできる媒体は限られていますが，取り組みの概要は料理通信のHPに残っています（http://

r-tsushin.com/special/tokyonohatakekara.html, 2018年３月閲覧)。記事を参照していただければわかりますが，引用しますと，「呼びかけ役は，JR東日本です。JR東日本の仕事は今，人や物を運ぶだけではありません。レールで結ぶ地域が元気であるように，人々に呼びかけ，活動を生み出しています。地域文化や地元産品の掘り起こしを掲げる「地域再発見プロジェクト」，なかでも６次産業化に向けたものづくりプロジェクト「のもの１‐２‐３」は，その代表と言えるでしょう。今回のメンバーは，農家を束ねる和郷園，洋菓子メーカーのブールミッシュ，エキナカを運営するエキュート東京，そして料理通信社。それぞれ，素材づくり，お菓子づくり，プロデュース，コミュニケーションという役割を担います。まさに１次産業，２次産業，３次産業が一体となった「のもの１‐２‐３」プロジェクトのスタートでした。」，という取り組みでした。「のもの」はJR東日本が，JR東日本の管内からその土地ならではの様々な食品を発掘して都内の「のもの」店頭で販売するという取り組みで，現在も継続されています（最近の「のもの事業」については，東日本旅客鉄道㈱（2017）をご覧ください)。「TOKYOの畑」からは，その取り組みを東京都内で生産された農産物を原料にして行えないだろうか，というコンセプトだったのです。

「TOKYOの畑から」の実店舗は2013年11月に東京駅構内のエキュート東京にオープンしました。ここで商品化されたのは，東京で生産されたさつまいもや，小笠原諸島で生産されたレモンを使った洋菓子でした。原料となる農産物は，このプロジェクトの農業分野を担当していた農事組合法人和郷園（その販売事業等を担っている株式会社和郷，農業生産法人として農業に参入した農業生産法人和郷）が都内の生産者や新規参入者から集荷したものと，農業生産法人和郷自ら東京都内の農業に参入して耕作放棄地の解消から取り組んで生産したものを使っていました。

参入先の自治体は，東京都の町田市でした。町田市は，2011年から農地利用集積円滑化事業という農地の所有者と借地希望者を仲立ちする事業に取り組んでおり，新規参入希望者にも要件を定めて門戸を開いたことから，多くの新規参入者が生まれました（町田市の取組については竹島（2015）をご覧ください)。和郷が借りた畑では都心の消費者にさつまいもの作業を体験してもらうイベントを開催したり，個人で新規参入した農業者たちと交流したりしながら，さつまいもの生産を行っていました。他にも，八王子市の新規参入者のグループや江戸川区の生産者とも提携を行っていたそうです。

筆者自身も何度か利用しましたが，残念ながらプロジェクトは終了してしまい，「TOKYOの畑から」の店舗も撤退してしまいました。目の付け所はよかったのかもしれませんが，新旧様々なブランドがあふれるエキナカで，新たなブランドを定着させるというのは非常に困難だったようです。

今後，似たような取り組みを東京都内で試みようとする企業や団体も出てくるかもしれませんが，当分の間はこういった取り組みは，地域資源の豊富さや元の農産物のブランドの知名度，あるいは土地代や人件費の面からも，地方の独壇場になるのではないかと思われます。

土産物を選ぶとき，何を選択の指針にするかは人それぞれですが，農林水産業に関連する土産物の選択肢が増えてくれることは個人的に大歓迎です。そのような商品化に継続的に取り組むことを通じて，地域農業やそこで暮らし働く人たちが豊かになってくれることを願っています。

参考文献

東日本旅客鉄道（2017）「JR東日本「地域再発見プロジェクト」で「のもの事業」を推進」『ジャパンフードサイエンス』2017年７号，pp.32-34。

竹島久美子（2015）「農地制度の変化に伴う都市農地の利用に関する現状分析」『農業経済研究』第87巻３号，pp.273-278。

（竹島久美子）

第6章

農業法人による和菓子製造とマーケティング戦略

―集落の水田を守る社会的企業・有限会社藤原ファームの事例分析―

第1節　本章の目的

有限会社藤原ファームの概況

創業：1996年 （2000年に和菓子の製造小売を開始） 売上高：3,000万円 労働力：役員３人，雇用２人（農業生産部門１人，加工販売部門１人） 理念：私たちは，農村の美しく豊かな自然を守り，農地の管理をし，環境の保全に努め，安全安心な食糧の確保・供給につとめ豊かな社会の創造に貢献します。 →農地の維持・活用が前提・目的

本章では，企業戦略の一つとして地域との結び付きを強める事例ではなく，少し視点を変えて，企業と地域との結び付きの強さが所与条件である事例を取り上げよう。対象事例は，和菓子企業による地域との関わり方や，その程度を設定できる自由度が低く，地域と密着していることが前提となる和菓子企業である。

本書の第１章でも指摘されているように，和菓子の発祥には，単に和菓子企業が供給する商品として誕生したケースだけではなく，各家庭で近隣の原料を用いてつくられていたという自給的なおやつを端緒とするケースもある。本章で取り上げる事例では，後者のケースの和菓子も含んでおり，第３～５章に取り上げられてこなかったタイプの和菓子製造販売の事例分析として，補論的に重要な知見が得られると期待できる。

対象事例は，中山間地域の１集落を基盤とし，集落の水田を守るために設立された農業法人であり，かつ和菓子企業でもある有限会社藤原ファーム（三重県いなべ市旧藤原町立田村古田地区）である。藤原ファームは，山間農業地域に立地し，集落機能の維持と，地域の和菓子文化の継承を図っている。集落の水田約25haを保全・活用し，次世代に継承することを目指す近藤正治氏（84）が経営し，和菓子の原料生産・製造・販売を行っている。原料には，水田で生産される米や，畦畔で摘み取られるヨモギを使うほか，マーケティング戦略として農村景観等の地域資源を活用している。

社会的課題の解決に取り組む近藤氏が設立した藤原ファームでは，新しい社会的商品である和菓子開発の生産を行い，地域経営と地域文化の主たる担い手となっている。なお，藤原ファームが和菓子生産を始めた背景には，旧藤原町が地域の活性化を図るために設置した農業公園も関わりが深い。本章では，藤原ファームや近藤氏，農業公園，いなべ市役所，農業公園設立時の役場担当者等への聞き取り調査に基づいて分析する。

規模拡大が困難な中山間地域等における６次産業化や農商工連携では，社会的企業の特徴をもたざるを得ない事業を展開する場合が多い（斎藤　2014, p.60）ことも踏まえて，土地利用型農業の現状や社会的企業論の文脈から分析していく。

日本の土地利用型農業では耕境内の地域や経営が縮小されつつあり（秋山　2009），営利追及を主目的としない社会的企業等の活動領域が拡大している。社会的企業論について民間非営利セクターの営利化として議論が展開したアメリカでは，ソーシャル・イノベーションに焦点が移り，担い手である社会的企業家個人の社会的使命も研究対象として着目されている[1)]。谷本（2006）は社会的企業の基本的要件として①社会性（社会的ミッション），②事業性（社会的事業体），③革新性（ソーシャル・イノベーション）――を提示した上で，社会的課題の解決であるソーシャル・イノベーションを推進するための基本概念として①社会的企業家，②組織選択，③組織ポートフォリオ――を挙げている。このうち，組織ポートフォリオについては，制度的に異なる組織の戦略的な組み合わせによって，ソーシャル・イノベーションが試みられることを指摘した。なお，谷本（2006）が社会的“起業家”でなく社会的“企業家”と記したのは，Schumpeter（1926）のいう企業者機能を踏まえ，起業や経営のみならず「企てる」局面にこそ社会的課題を解決に向けた機能を認めるためである。同様に土肥（2006）は社会的企業家精神を「新しい社会的商品，社会的課題解決の新しい仕組みを導入していく能力」と解している。

社会的企業による営農と，地域資源活用型の農業を比較分析した先駆的研究に竹本（2008）があるが，双方の概念の差異は十分に明らかにされていない。ただし，これらの経営では，自立経営を基本とし政策支援に依存しないものの，政策支援なしでは展開が困難である点が共通して指摘されている（鈴木（2009），蔦谷（2015）等）。本節では，新たな社会的商品や仕組みの創出する人物や組織の存在が，社会的企業と地域資源活用型農業の差異と捉える。そして，組織選択や組織ポートフォリオ等の経営戦略，および事業性として経営概況に着目し，政策支援との関連を踏まえながら，和菓子企業が地域とどのように関係を構築しているのか分析する。

加えて，本章の目的である他事例に対する補論的性格をより明瞭なものとするために，第5節では経営戦略の一つとしてマーケティングに着目して，他事例との比較を通じて本事例の特徴を指摘する。マーケティングに関する研究は，かつて，営利企業による市場取引のみを対象とするものであったが，Kotler and Levy（1969）を皮切りとした概念拡張により，営利企業によるマーケティングと非営利組織の類似活動の統一的把握として，交換を中核的コンセプトとする理論的系譜がある。この概念拡張により，従来，マーケティングの中心テーマであった売り込み技術は，マーケティングの社会的位置付けの一側面にすぎないものとされ，非営利組織による活動や非市場的取引もマーケティングの研究対象に含まれるようになってきている。

その際，マーケティングとは，個人や集団が製品やサービスを創造・提供し，他者と自由に交換することで，自分が必要としているものを手に入れる社会的プロセスの一部とされており，Kotler and Keller（2006）は交換が成立するための条件として5つ挙げている。それらの条件とは，①少なくとも2つのグループが存在する，②それぞれのグループが，他方にとって価値がありそうなものをもっている，③それぞれのグループが，コミュニケーションと受け渡しできる，④それぞれのグループが，自由に交換の申し入れを受け入れたり拒否したりできる，⑤それぞれのグループが，他方と取引することが適切で好ましいと信じている――である。これらの条件が合意されるならば，それぞれのグループが交換にとってよりよい状態をもたらされることとなり，交換は価値創造のプロセスであるとも評価される。

こうした交換では，商品の売買が，単にモノのやりとりだけではなく，経験や思い出，人間関係といったコトの価値の提供，やりとりも重要なマーケティングとなる。消費者の関心が「モノ消費」から「コト消費」へと軸足を移しつつあるといわれる現代において，とりわけ農村部では都市住民に対する景観・経験といった物質的価値に限らない豊かさを付加価値として，「農村空間の商品化」が指摘されてきた[2)]。

地域と結び付いた和菓子のマーケティングにおいても，和菓子を単なるコンテンツ（単品）として評価するのではなく，いかにしてコンテクスト（文脈）としての評価を与えることができるかという点が課題となる。このようなコンテンツからコンテクストへの転換こそが価値創造における重要な局面と捉えて，地域デザインとの関連をしたものに，ZTCAデザインモデルを提唱した原田・古賀（2016）等の一連の研究がある。**図6-1**にZTCAデザイン

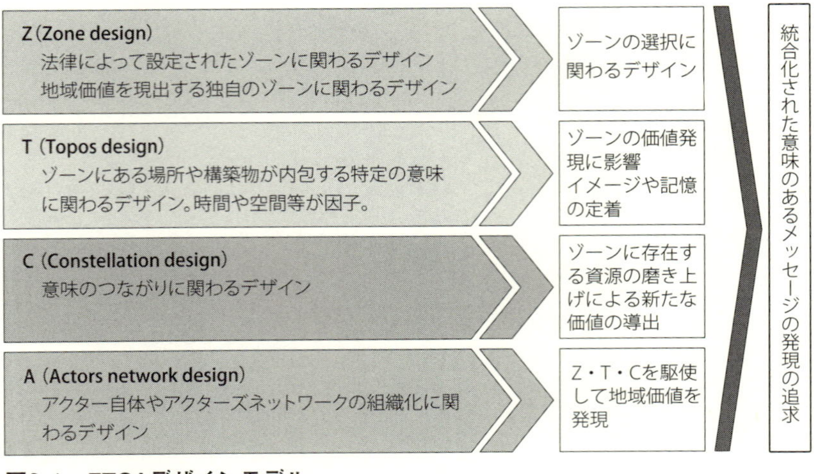

Z（Zone design）
法律によって設定されたゾーンに関わるデザイン
地域価値を現出する独自のゾーンに関わるデザイン
ゾーンの選択に関わるデザイン

T（Topos design）
ゾーンにある場所や構築物が内包する特定の意味に関わるデザイン。時間や空間等が因子。
ゾーンの価値発現に影響
イメージや記憶の定着

C（Constellation design）
意味のつながりに関わるデザイン
ゾーンに存在する資源の磨き上げによる新たな価値の導出

A（Actors network design）
アクター自体やアクターズネットワークの組織化に関わるデザイン
Z・T・Cを駆使して地域価値を発現

統合化された意味のあるメッセージの発現の追求

図6-1　ZTCAデザインモデル

資料：原田・古賀（2016），原田・宮本（2016）より筆者作成。

モデルの概要を示した。この価値創造のモデルは，地域をデザインする際に選択・設定されるゾーン（Z：Zone）や，ゾーンにある構築物等によって共通の観念を想起させるような特定の意味を包含した場所（T：Topos），それぞれの意味のつながり（C：Constellation），アクターによる実践やつながり（A：Actors network）によって，統合化された意味のあるメッセージの発現を追究するものである。発現されるメッセージには，単品のモノについて語られる「モノ語り」と，文脈について語られる「コト語り」に分けられる。本章では，事例の比較に，このZTCAデザインモデルを用いることとする。

第２節　対象地域の概況と藤原ファームの設立経緯

1）対象地域

三重県北部に位置するいなべ市は，北勢町，員弁町，大安町，藤原町の旧４町が2003年12月に合併して発足した。滋賀県と岐阜県に接する三重県の北の玄関口であり，平地部から中山間部までを含む。農地の76％が水田であり，農家の約半数は稲作単一耕作である。藤原ファームが所在する旧藤原町は，耕地面積に占める田の割合が低いものの，地域農業は米生産が主軸である（**表6-1**）。また，藤原ファームが所在する旧立田村は湿田が多いため，稲作による水田利用が主である。周辺地域には比較的乾田が多く，水稲と並び麦・大豆も盛んであるのに対して作付け状況は異なっている（**表6-2**）。

表6-1　対象地域の概況

（単位：ha，1,000万円）

旧町（2002年）	農業の概要（2002年）					
	耕地面積			農業生産額		
	合計	田	田割合	耕種	米	米割合
北勢町	852	690	81%	71	49	69%
員弁町	549	490	89%	53	36	68%
大安町	886	738	83%	92	54	59%
藤原町	697	507	73%	51	37	73%

資料：農林水産省「耕地及び作付面積統計」「生産農業所得統計」より筆者作成。

表 6-2　いなべ市の水田利用状況（2014 年）

（単位：a）

旧町村	主食用米	麦	大豆	飼料用米	そば
a	5,382	2,444	1,651	500	119
b	14,739	6,190	1,522	518	930
c	6,488	3,415	1,214	757	294
d	9,280	3,818	1,000	0	761
e	27,255	12,306	7,718	1,066	527
f	11,918	4,912	1,103	0	0
g	4,655	1,915	1,362	161	464
h	14,020	5,871	3,956	302	741
i	8,784	3,457	2,993	660	138
j	4,755	1,817	784	699	0
k	8,527	2,620	1,041	1,535	1,012
立田村	**2,790**	**130**	**0**	**1,484**	**0**
m	8,840	2,604	1,414	1,181	711
n	3,397	1,161	787	470	0

資料：いなべ市に対する米および水田活用の直接支払交付金申請状況（属地）の聞き取りにより筆者作成。

注：1）旧町村とは，1950 年 2 月 1 日現在の行政区。いなべ市には，14 旧町村が含まれる。

2）主食用米は 10a 控除前。飼料作物（除 WCS 用稲）は e，h，WCS 用稲は h のみであった。また，そば以外の産地交付金対象作物は合計 150a と小面積であるため省略した。

この地域は，名古屋圏の一角に位置し，名古屋市街地へ直線距離で約35km，自動車でも約45kmと通勤圏内である。また，市の南部が接する四日市市や旧員弁町等の工場立地によって兼業機会に恵まれており，とくに高度経済成長期にかけて兼業化・離農が進んだ地域である。対象地域の古田集落では，1970年代後半に水田の不作付けや耕作放棄が発生していた。こうした水田の一部は農協に全作業委託されていたが，１筆３a程度の小区画な圃場が多く収益性が劣ることから，担い手のいない農地の作業を受託する最後の受け皿であった農協も1988年には撤退してしまった。このような経緯から，水田の不作付けや耕作放棄といった地域資源管理をめぐる社会的課題を抱えており，それらの解決策が見出せていない地域であった。

2）近藤氏による藤原ファームの設立とその位置付け

近藤氏は，正社員30人と契約社員100人を雇用し，縫製工場経営に専業してきた人物である。1984年に彼は自治会長となって「若い人達が住める村づくり」を提案する等，山村振興事業を実施してきた実績がある。さらに，兼業化や離農の進展，少子高齢化，都市部への住民の流出によって，集落では青年団の解散等，地域住民のつながりの希薄化が進む状況を懸念して，青壮年部や壮年婦人部等の複数の任意組織を設立してきた。これらの組織の設立の狙いは，「集落住民の全員が，何かしらの接点で集落に関心をもつ環境，関与できる体制を構築すること」（近藤氏）であった。

他方，古田集落が立地する旧立田村では，1988年に農協による作業受託の撤退後，1989年に20a区画の圃場整備（立田土地改良区地区総面積33ha，組合員総数119人）が完了したが，担い手不足は継続していた。

1995年に農地利用調整を担う古田地区農家組合が，将来の農事組合法人設立を見込みながら，不作付け水田７haを借り受けたものの，赤字経営となった。それほど効率的経営が困難な条件の圃場が多かったのである。この事態から近藤氏は，集落の水田を持続的に守ることの困難さを危惧するとともに，集落内すべての水田活用を目指す作業受託組織を提案した。近藤氏は，縫製工場経営の経験から，１人１票である農事組合法人の組織形態では速やかな意思決定による効率的な経営や，責任ある経営が困難と考えて，近藤氏がほぼすべてを出資する有限会社を選択した。こうした提案は，集落住民からの合意が得られ，その結果，有限会社藤原ファームの設立に至った。古田地区農家組合が農地利用調整を担い，藤原ファームが作業を受託する二階建て集落営農の体制である。

設立当初は近藤氏が縫製工場経営の傍ら１人で水稲，麦，大豆を生産した。集落内すべての水田が集積しても小規模である立地条件を踏まえ，農産物の高付加価値化による収益増を企図して定款に農産物加工販売を加えたが，販路が見込めないため行わなかった。

以上の設立経緯から，藤原ファームは，地域づくりを主導してきた近藤氏の地域貢献活動の一環であるとともに，個別経営では規模狭小とならざるを得ない立地条件や後継者不足に対応した集落営農における基幹作業を担う中核的な受託組織であるといえる。

第３節　旧藤原町による農業公園整備と藤原ファームの事業展開

1）旧藤原町の地域活性化に向けた農業公園設置

旧藤原町制下の1997年，町長が「高齢者の生きがいの場づくり，都市との交流に地域活性化と合わせて未利用資源の利活用を掲げ循環型社会の構築に取り組む」ことを目的に，農業公園設置を提案した。設置場所は，古田地区に隣接する中里ダム建設（1972年着工，1977年完成）にともなう水没農地補償の代替地68haである。この土地は，米の生産調整の本格的な開始を背景に水田開発が認められなかった場所であり，かつ粘土質で畑作には不向きで，営農意欲の減退や農地の荒廃化，産業廃棄物の不法投棄の頻発といった社会的課題を抱えていた[3)]。地域住民が土地の有効活用を求めて「地域活性化に対する要望書」（1989年）を町に提出する等，地域の重要な水源に位置しながらも周辺の農地荒廃や環境被害が深刻であった。

こうした社会的課題を抱えていた旧藤原町において，農業公園設置の実務を担ったのは，1997年に県から出向したY氏であった。Y氏の主な経歴は，農業改良普及員，尾鷲市農林課長（1992，93年），農業公園「伊賀の里モクモク手づくりファーム」（1995年開園）の地ビール工房操業への支援（1995年），県の中山間地域対策業務（1996年）のほか，県内の都市農村交流施設への補助金業務の担当等である。Y氏は，自身の経歴を踏まえて，中山間地域対策や高齢者の生きがいづくりや，都市農村交流をセットにしながら旧藤原町の農業公園整備を進めた人物である。

Y氏への聞き取りによれば，①当時，近隣に開園した民間の植物園「なばなの里」（1998年開園）との差別化を図るため，花壇でなく花木を中心とした公園とすること，②財政難対策として外注ではなく高齢者の知識・経験を生かした設計・施行による“スローなまちづくり”“スローな公共事業”[4)]——を提案した。

実際に農業公園をどのようにしていくかを議論する役割をもつ農業公園設

置検討委員会は，農業委員会，社会福祉協議会，農協，商工会，観光協会，老人会，青年団等の36委員で構成された。検討の結果，梅林園等の整備による都市部の観光客の流入と，農家直売所等の交流拠点の設置による町域の活性化が企図された。花見イベントでは１店舗当たり15,000円の赤字が発生する安価な出店料を設定[5)]し，町民の新たな経済活動の展開を促すこととした。

２）地域活性化施策に呼応した近藤氏の活動の展開

農業公園のテーマは，検討委員会の検討を経て，①高齢者が活躍できる場の創出，②農業の振興，③循環型社会の実現，④農村と都市との交流――の４点が掲げられた。検討委員の１人であった近藤氏は，都市農村交流の促進に呼応し，豊かな自然の保護等による都市住民の呼び込み活動を行う組織を古田地区に独自で設立した（1999年）。藤原ファームが里山整備や体験教室の開催を請け負う組織で，後身の任意組織「ほうすけクラブ」（2002年設立）は，事務局である藤原ファームを中心に運営されている。近藤氏は，水田や里山の景観や環境が，都市住民に対する農産加工品の販売促進に貢献すると考えて，藤原ファームの事業の一環としてほうすけクラブの運営を位置付けている。

ほうすけクラブは，交付金や都市住民交流の参加費を主な収入とするほか，一部を藤原ファームの利益から提供され，自治会，古田地区農家組合等と連携し，遊歩道整備やササユリの保存活動，農業体験やビオトープづくり等を行ってきた。その後，農地・農業用水等の保全と質的向上を図る農地・水・環境保全向上対策（2007年）を契機にほうすけクラブ，古田地区農家組合，自治会，老人会，青壮年部，子ども会，農業者で構成する任意組織「レインボー古田」が設立された。

任意組織レインボー古田が設立されてもなお，ほうすけクラブが解散しない理由や，ほうすけクラブが藤原ファームに対して独立性をもっている形態は，制度的に対応が困難な事業にも柔軟に取り組むためである。また任意組織レインボー古田の構成単位を個人としないことで，近藤氏の狙いである「集落住民の全員が，何かしらの接点で集落に関心をもつ環境，関与できる体制を構築すること」につながり，集落住民が少なくとも一つの立場，あるいは複数の立場から集落の環境づくりに関与する組織ポートフォリオが築かれている。

ほうすけクラブは，集落住民によるボランティア活動として取り組まれる。支出項目には労賃は計上されない。この結果，支出は抑制され，2014年度の農業体験等の企画に関わる支出は，総額約15万円であった。

ほうすけクラブは，都市住民との交流として農業体験や夏休み期間に自然観察等を行うエコツアーを毎年実施するほか，豆腐づくりや立田村の秋祭り参加も企画してきた。幼児・児童教育を手掛ける企業との連携も行い，田植えには100人以上が訪れる等，都市部の子育て世代が多く訪れる。企画の魅力を維持するためのビオトープ等の修繕・管理や，新たな農村景観を整備するための水車小屋設置や炭窯づくりも行ってきた。さらに新たな地域資源の発見も手掛け，国際自然保護連合によってレッドリストの軽度懸念の指定を受けるヤマアカガエルの生息調査も行ってきた。

都市農村交流の拠点として直売所建設も提案されるなかで，近藤氏は町内検討会への参加を経て農産物加工販売の開始も決断し，2000年に縫製工場の建物を加工場に転換した。さらに，交流拠点である直売所「えぼし」を設置した。

この決断の理由は，前述した，農産物の高付加価値化を企図して定款に農産物加工販売を加えたものの販路が見込めないため行っていなかったという前提の上に，①Y氏に県単中山間地域適正管理支援事業（デカップリング事業）の説明を受けたこと，②服飾製品の輸入増加を背景とした縫製事業の不振，③花見イベントへの出店等による農産加工品の安定した売り上げが見込まれたこと——という状況の変化があったためである。

農産物加工では，古田地区でかつて日常的に食べられていた草もち等の地域の“農家のおやつ”に着目し，草もちを経営の主軸とし，菓子製造や正月や法事用のもち製造に取り組んでいる。高校と連携して高齢者からの和菓子の製造方法を聞き取る等，各家庭で受け継がれながらも高齢化により衰退しつつあった地域資源である和菓子文化の再帰を目指し，農地活用に加え，文化継承・発信を担っている（**写真6-1**）。

近藤氏の取り組みは，地域の社会的課題や，地域資源の保全・活用を目的として多岐にわたり，地域コミュニティへの貢献等に関して社会的企業家といえる。また藤原ファームは，古田地区にとって社会的商品である和菓子の原料生産，製造販売を通して，水田利用面積最大化を希求する社会的企業の性格をもっているのである。

写真6-1　高齢者から聞き取った和菓子の製造方法をまとめた『おばあちゃんのスウィーツブック』。最も身近な和菓子である草もちが表紙に選ばれた。

第４節　地域施策の変容と藤原ファームの戦略の現段階

1）町合併による地域施策の変容

農業公園の運営は，４町の合併により，整備基金４億6,000万円とともにいなべ市に引き継がれ，主にこの基金を活用することで運営されてきた[6)]（**図6-2**）。合併後に成園化した梅林園等の花見イベントの観賞者は年間のべ約６万人となっている（**図6-3**）。

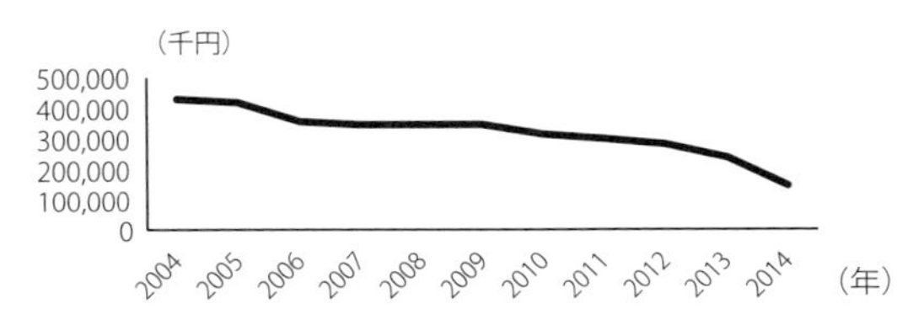

図6-2　農業公園整備基金年度末現在高の推移

資料：いなべ市提供資料および聞き取り調査により筆者作成。

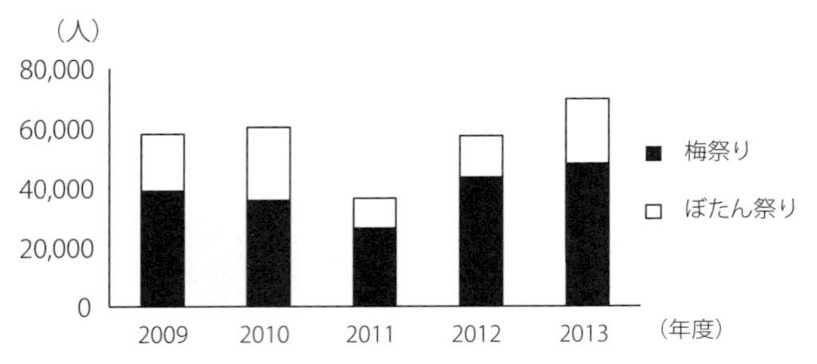

図6-3　農業公園イベントへの来園者数の推移

資料：農業公園提供資料および聞き取り調査より筆者作成。

写真6-2，6-3　梅まつりの様子。梅開花期の農業公園の様子（左）と，イベントで店舗に足を止める観光客（右）

資料：筆者撮影（2015年）。

合併により農業公園は「旧藤原町の農業公園」から「いなべ市の農業公園」に変容した。旧藤原町以外の事業者による花見イベントへの出店も容易となり，2015年の梅まつりでは全20店舗中，旧藤原町外の事業者は約６店舗であった。一般的な製造小売の和菓子企業は２店舗あり，ともに草もちを販売している（**写真6-2，6-3**）。近藤氏によればこれらの店舗は，草もちを従来販売しなかった事業体である。農業公園の変容は，藤原ファームに対して和菓子販売の独占の終焉や，集落に依拠しない事業者の類似商品との競争をもたらしたのである。なお，農業公園の花見イベントについては，合併後も出店料の設定も引き継がれたほか，来園者の増加は交通整理の人員増加を招くため，出店者と来園者の増加は赤字増加に直結するため，積極的なPRは控え

表 6-3　いなべ市における農業の担い手振興政策（2005～15 年度）

事業名（期間）	補助事業	交付目的	補助額または補助率	交付対象
集落組織づくり推進支援事業補助金（2005～09 年度）	集落作り推進支援事業	作付計画	300 円／戸	農業者（集落）
		農家意向調査	300 円／戸	農業者（集落）
		集落営農推進	500 円／戸	農業者（集落）
	集落営農事業	集落協定の締結	2,000 円/10a	農業者（集落）
	都市との交流	農村の持つ多面的機能を増進	事業費の 1/2（上限 50,000 円）	農業者（集落）
	環境保全型支援事業	環境にやさしい栽培への取り組み	事業費の 1/2（上限 4,000 円/10a）	農業者（集落）
	多面的機能増進事業	水田の持つ多面的機能を増進	1,000 円/10a	農業者（集落）
	売れる米づくり等支援事業	米・麦等の販売拡大	事業費の 1/2（上限 100,000 円）	農業者（集落）
	法人化支援事業	農業生産法人の促進	設立経費上限 100,000 円/法人	農業生産法人
	農地集積支援事業	担い手への農地集積	10,000 円/10a	農業者（集落）
	条件整備支援事業	機械等の導入	1集落1回、事業費の 1/2 以内（上限 3,000,000 円）	農業者（集落）
いなべ市担い手等育成支援事業（2010～12 年度）	営農計画書作成支援事業	米・麦等の作付状況確認	500 円／戸	集落営農
	農地集積支援事業	意欲ある農業者への農地集積	5,000 円／10a	集落営農
	環境保全型栽培支援事業	環境に配慮した栽培の取り組み	3,000 円／10a	集落営農
	獣害対象農用地等保全支援事業	農用地の多面的利用	3,000 円／10a	集落営農
	農業用機械購入支援事業	農業用機械の購入	購入価格の 10%以内（上限 100,000 円）	集落営農
いなべ市経営体等育成支援事業（2013～15 年度）	営農計画書作成支援事業	米・麦等の作付状況確認	500 円/戸	集落営農
	農地集積支援事業	地域の中心となる農業者への農地集積	5,000 円/10a	集落営農
	環境保全型栽培支援事業	環境に配慮した栽培の取り組み	6,000 円/10a	集落営農および畜産農家
	集落農地保全支援事業	集落の農業関連施設の維持管理に対する取り組み	集落面積×1,000 円/10a	集落営農

資料：いなべ市農林振興課提供資料より作成。

ている。赤字は基金で補填するが，2014年度の基金残額は1億4,000万円と合併当初の30%に減少した（前掲，**図6-2**）。

他方，農業施策では，合併にともない水田農業ビジョンが新たに策定され，市単の集落組織づくり推進支援事業（2005～09年度）や，集落営農組織[7)]を主な対象とするいなべ市担い手等育成支援事業（2010～12年度），いなべ市経営体等育成支援事業（2013～15年度）が展開された（**表6-3**）。この結果，集落営農組織率は84％と県平均の約20％を大きく上回っている（2014年時点）。いなべ市農林振興課への聞き取り調査の結果によると，集落営農組織づくりに当たり，集落内農地の維持・管理・経営の将来ビジョンを白紙状態から描くことを提案してきたという。また，藤原ファームの取り組みは県内外の事例と合わせて紹介する程度であり，古田集落の隣接集落においても，藤原ファームとの事業連携等は提案されなかった。いなべ市によって，集落単独の組織化・将来展望の共有が促進されたのである。

2）藤原ファームの現状と課題

2014年度，藤原ファームは地権者60人分の田23haを集積し，集落の水田の90%を占める。このことは，藤原ファームが，担い手が不在の水田をフル活用するという設立当初の集落住民の合意を着実に履行することで，農地の貸し手である集落住民の信頼を得て約20年間にわたり事業を展開してきたことを示す。

藤原ファームによる農業生産，および加工・販売実態を**図6-4**に示した。草もちの売上高は，総売上高の約53％を占める。農業公園イベント出店による売上高は，和菓子の独占販売の時期には最大約500万円であったが，旧藤原町外の一般の和菓子製造企業参入により約200万円に縮小している。

藤原ファームの経営概況を**図6-5**に示した。利益は内部留保して農地や景観の修繕・整備に活用してきた。また，James and Rose-Ackerman（1986）の指摘にみられる，社会的企業の収支均衡条件下の供給拡大行動について柏（2013）が営利企業に比べて綱渡り的と指摘したように，古田集落の水田を生産条件が不利な圃場まで最大限に借り受けることを目指しているため，藤原ファームの収支は均衡してきた。近年では営業利益の赤字拡大が課題であり，2014年の当期純損失は304万円となっている。

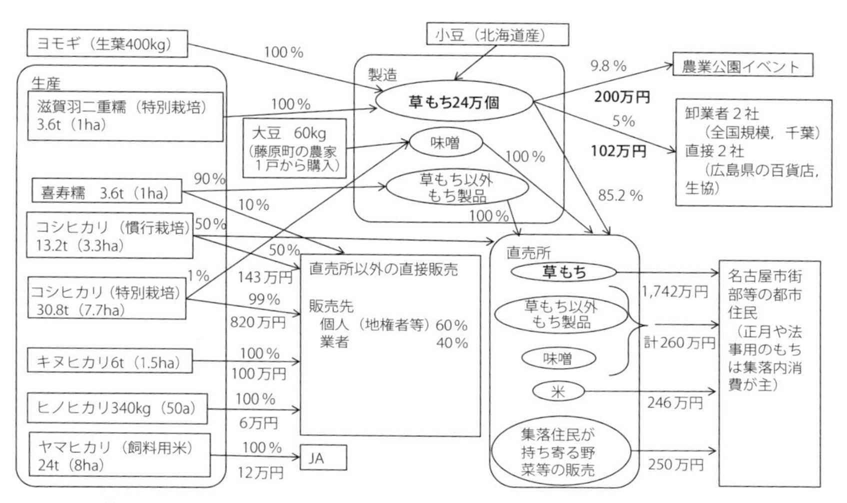

図6-4　藤原ファームの生産・加工・販売状況（2014年）

資料：藤原ファームへの聞き取り調査により筆者作成。
注：生産物の利用量の割合，または製品の流通量の割合（%），売上高（万円）を示す。

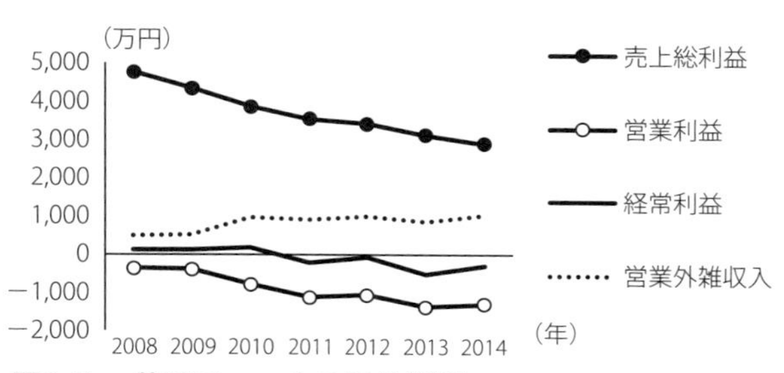

図6-5　藤原ファームの経営概況

資料：藤原ファームの決算報告書（各年）より筆者作成。

経営改善に向けて，農業公園イベントでの競争によって減少した売上高（約300万円）分の販路を新たに確保しようと，全国への販路拡大を2014年に開始し，通信販売も拡充した。この過程で，藤原ファームが製造する和菓子の主軸は草もちであるが，より保存性や輸送コストに有利な米菓の製造にも注力するようになった（**写真6-4，6-5**）。いずれも，米を主原料とする和菓子であり，湿田のために稲作にしか向かない集落の水田を守るために和菓子の

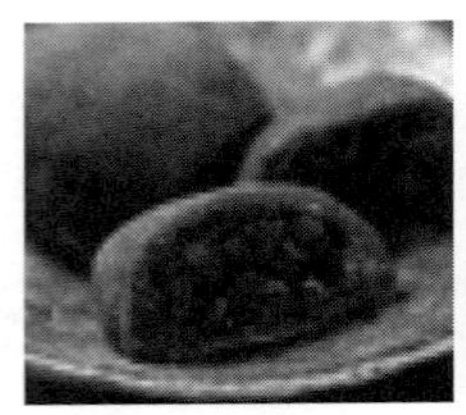

写真6-4，6-5　藤原ファームの草もちとおかき。
資料：藤原ファーム提供。

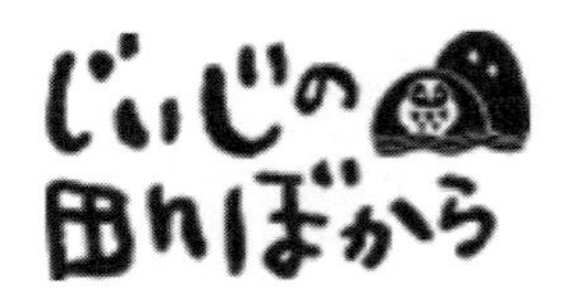

図6-6　藤原ファームが使用しているロゴマーク。従来使用しているロゴ（左）と，新たな商品シリーズ「fukurou to kurasu」に合わせて作成した新たなロゴ（右）。

種類の選択肢は限られている。

このような新販路の探索，新製品の開発の過程では，和菓子のコンセプトの変化も検討しており，従来の「農家のおやつ」から新たに「田舎のおやつ」としての全国展開を目指している。近藤氏の説明によれば，これまでは「農家のおやつ」として各家庭で自給的につくられていた和菓子をPRしてきたが，今後は都市住民に対して田舎のイメージの提供とともに販売促進していくことに重みを置きたい，としている。

関連して，地域資源の整備にも磨きをかけている。例えば，近隣に生息するフクロウの保護活動として，巣箱の設置や観察を開始した。2014年に２羽の孵化，巣立ちを観察し，エコツアー参加者に紹介するほか，商品価値への付加を図っている。フクロウは従来使っているロゴにも記載されてきたが，新たな商品シリーズとして「fukurou to kurasu」（フクロウと暮らす）をつくり新たなロゴも作成した（**図6-6**）。具体的には，一部商品の売り上げの10%をほうすけクラブの活動資金に提供することを商品に明示した。

この取り組みについては，これまで消費者からは認識し難かった藤原ファームとほうすけクラブの連携を明確に発信する働きがあると指摘できる。

ただし，藤原ファームによる水田活用の実態に関して，転作作物は近年，大豆から飼料用米に転換していることには，本事例を評価するに当たり留意が必要であることを言及しておきたい。古田集落において転作圃場は従来と同様の圃場としており，具体的には，山際で日照条件が比較的劣る東側に集中させている（**図6-7**）。主な生産圃場である西側に対して，東側は生産条件の不利さゆえに一早く撤退してしまいそうな水田の有効活用をすること自体が目的であり，飼料用米生産は耕境を守るための殿(しんがり)的な位置付けにある[8)]。

現状では水田面積の最大化は，飼料用米によって果たされているわけであり，飼料用米生産への交付金を前提に，水稲による水田の保全・活用が可能となっている。古田集落では湿田のため大豆収量は60kg/10aで，三重県平均（2013年「作物統計」）139kg/10aと比較して著しく劣る。他方，飼料用米収量は300kg/10a[9)]であり，古田集落内のコシヒカリ（慣行栽培）と比較して100kg/10a劣るものの，田を畑的に利用した場合と比較すれば，単収について生産条件の不利性が縮小している。現状では，水田活

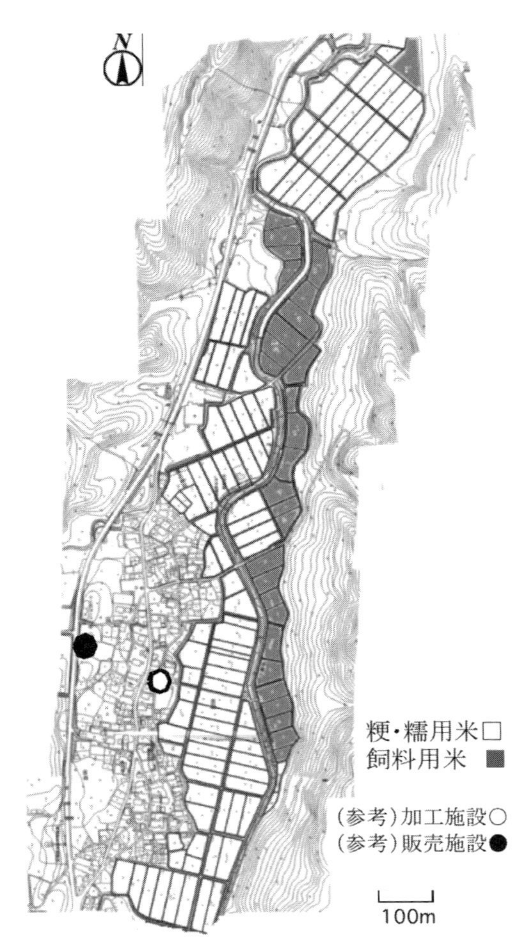

図6-7　古田集落の水田利用状況にみる農地保全における飼料用米生産の殿（しんがり）的位置付け（2014年）

資料：いなべ市の地理情報システムおよび藤原ファームへの聞き取り調査より筆者作成。

注：1）古田集落の範囲は，図に示した部分のほか，山林や西側に水田があるが，図示した範囲が主な生産現場である。

2）夏期の水田利用状況である。湿田のため，冬季は基本的に不作付けである。

用の直接支払交付金を含む営業外雑収入が微増傾向（前掲，**図6-5**）である。飼料用米に対する交付金は，畑作に向かない湿田地帯の生産条件の不利性を緩和しており，水田の最大活用を目的とする藤原ファームの存立に大きな影響を与えている。

なお，藤原ファームは飼料用米由来の畜産物の販売・加工は行っていない。これは，飼料用米の交付金の継続について不確実性があることに加え，和菓子の需要に柔軟に対応すること想定した戦略である。飼料用米生産は，商品価値の付加には結び付かないが，和菓子需要に対する原料供給量と，保全する水田面積量との差を調整する役割を果たしているといえる。なお，近藤氏は，飼料用米に対する補助金が将来も継続するか懐疑的であるため，飼料用米由来の鶏卵を使用した製品開発にはリスクがあると判断している。

最後に労働力についてみておこう。

労働力は，常店設置のため，農業生産部門と加工・販売部門ごとに雇用してきた（**図6-8**）。正社員の賃金水準は，年間400～500万円である。

加工では職人や製菓学校出身者を採用している。これまでの実績から評価すると，藤原ファームは，独り立ちする前の和菓子職人が経験を積んだり，老舗和菓子店の閉店により行き場を失った和菓子職人の就業先となったりする場にもなってきた。こうした過程において，藤原ファームでは，和菓子職人の助言を聞き入れたり，新たな和菓子の創出を応援したりして，製品改良・開発についてトレハロース導入や品目増加（５→20種）につながった。

藤原ファームが製造する和菓子が，集落の各家庭に伝えられていたおやつを発祥としながらも，このように柔軟に食品添加物の利用や新製品開発等を行ってきた理由は，「おじいさんやおばあさんのママゴトではなく，次世代への農地・農村の継承を図る方法としてのビジネス」（近藤氏）を模索してきたためである。水田利用を経営として継続的に成り立たせるという藤原ファームの経営理念をブレさせないことが，柔軟な和菓子の進化につながっている。このような姿勢は，例えば草もちの導入時にもみることができる。草もち製造に当たっては，三重県内各地の６次産業化の事例や草もちを製造す

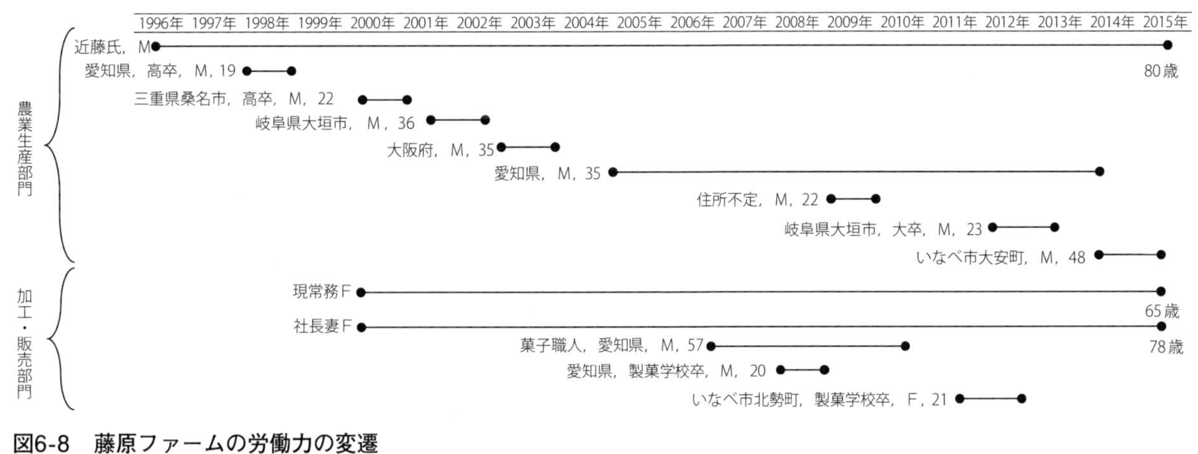

図6-8　藤原ファームの労働力の変遷

資料：聞き取り調査により筆者作成。

注：1）正社員のみ。地名は出身地，教育機関卒業年と就業年が近い者については最終学歴，性別（M：男性，F：女性），数値は入社時年齢。

2）離職理由は，農業生産部門については近藤氏の言葉を借りれば「農作業の厳しさを知ったから」と，労力負担が主である。加工・販売部門は，病気，実家（和菓子製造企業）継承，結婚である。

表6-4　藤原ファームの所有機械等（2014年）

	機械等	性能	導入年	取得価格（万円）	負担額（万円）	新品・中古
農業生産部門	乗用田植機	6条	2009	240	120	新品
	乗用トラクタ	50馬力	2007	600	300	新品
	乗用トラクタ	50馬力	2009	—	—	新品
	コンバイン	4条	2009	600	300	新品
	軽トラック	—	2009	—	—	新品
加工・販売部門	洗米機	1斗	2000	2,500	1,000	新品
	蒸し器	1.5斗	2000			新品
	餅つき機	3升	2000			新品
	裁断機	—	2000			新品
	普通の冷蔵庫	—	2000			新品
	包餡機	25個／分	2004	500	500	新品
	包餡機	15個／分	2010	400	400	新品
	包装機	25個／分	2002	220～230	220～230	中古
	包装機	25個／分	2010	500	500	新品
	ピロー包装機	25個／分	2014	650	335	新品
	急速冷凍機	—	2005	500	500	新品

資料：藤原ファームへの聞き取り調査により筆者作成。
注：数量は各1台。「—」は無回答を示す。

る農家グループを見学して，どこでも似たような草もちが製造販売されていることから，単に昔から伝えられてきた草もちをつくるのではなく，小型化（50g/１個）と和菓子職人の雇用によって，集落の文化を継承した上での独自性の発露と，和菓子としてのレベルの洗練化を図った。

農業生産部門と加工・販売部門の機械の所有状況を**表6-4**に示した。加工・販売部門のピロー包装機や急速冷凍機も，和菓子職人から今後必要になるとの助言を受けて導入した機材である。近藤氏曰く，草もちを６次産業化でつくる例は多いが，本格的に輸送のための機械が整っていることは少ないため，百貨店等のバイヤーから藤原ファームの優位性を評価されやすい。とくに全国に販路を探索している現在では，営業する際の強みになっている。

他方，農業生産部門の後継者育成として１名を2014年まで９年間雇用したが，担い手不足に悩むいなべ市内他集落に流出し，新たな担い手確保・育成が目下の課題となっている。藤原ファームの後継者確保は失敗したが，市全体としてみれば藤原ファームが担い手のインキュベーション機能を発揮したと評価できる。また，いなべ市において集落単独の組織化・将来展望の共有が促進される中，各集落の担い手確保の困難さが浮き彫りとなり，市内でも麦・大豆等の畑作に向かない湿田が広がり，とくに立地条件が劣る旧立田村の古田集落においては，後継者の定着がより困難である現状を示している。

従業員・後継者の確保は一般企業においても課題となるが，単独集落での営農を促進する施策は，山間部では収益性の低い事業となり社会的企業としての経営行動につながる。こうした移動や規模拡大が困難な法人については，農業生産条件の異なる集落間の連携による担い手確保も一案であり，集落単独の組織化・将来展望の共有に限らない行政的な支援も検討されるべきであろう。

第５節　藤原ファームにおける和菓子原料調達とマーケティング戦略—他事例との比較も含めて—

集落の水田の保全・活用と，次世代への継承を目指す近藤氏は，速やかな意思決定が可能な有限会社を選択しながらも，集落住民の全員が集落に関心をもてる組織ポートフォリオを実現していた。山間地域で，なおかつ湿田が多いという立地条件に加え，集落単位による農地保全が求められる制度的条件下において，藤原ファームは規模拡大が困難であり，また一般企業のように優良な地域資源を求めて移動できず，立地条件における地域資源の保全・活用・発見によって綱渡り状態で経営の存続戦略を模索している。この際，集落の水田の利用最大化を大前提とすることは，結果的に，和菓子の製品開発に当たって，集落の食文化を継承しつつも柔軟な発想を可能としていた。

図6-9に近藤氏や藤原ファーム等の取り組みと合併の影響の概要を整理した。農業公園設置の検討会は，藤原ファームに社会的商品である和菓子製造販売という新事業展開を発露させ，集落営農の担い手から社会的企業に進展させる契機となった。しかし，結局は目的達成時に解散されるコンソーシア

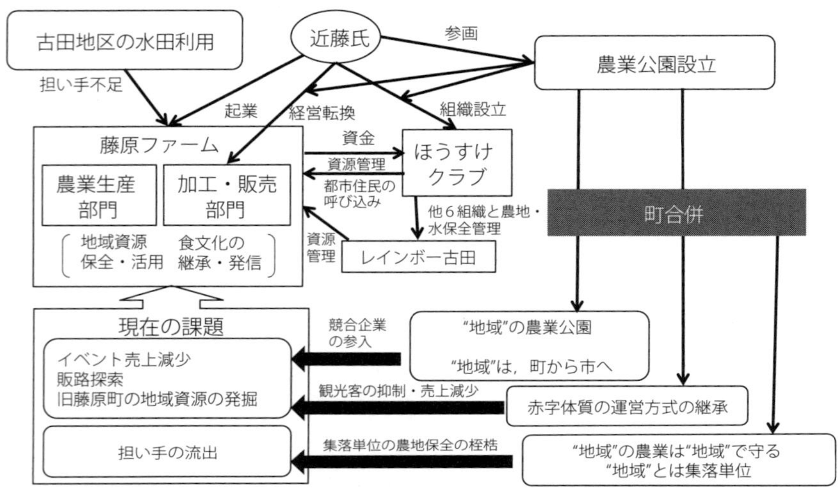

図6-9　近藤氏や藤原ファーム等の取り組みと合併の影響の概要

資料：筆者作成。

ムにすぎなかった。このため，合併によって「藤原町の農業公園」から「いなべ市の農業公園」への位置付けの変容や，集落単位の営農推進といった，施策対象である“地域”が再設定されたことで，藤原ファームには一般の和菓子企業との競合が発生したり，立地条件が劣る古田地区での後継者確保が困難であることが浮き彫りとなったりした。本事例の場合，地域活性化施策の変化に対して，社会的企業は一般企業と同様に行動せざるを得ない限界があり，地域経営や地域文化の継承の存続に影響を与えている。

また，湿田という土地条件に向き合う藤原ファームでは，集落産の米を利用するという原料の制約がある。一般的に原料の制約は，新製品開発の制限条件となるが，藤原ファームでは，逆に原料の制限を出発点として，企業者の柔軟な発想や新たな地域景観の創造を可能としていた。その結果として，新たな製品開発が進められ，今後もその余地が広がっているのである。湿田という稲作に特化した生産基盤の活用という制限下の菓子文化の変容は，一般的な和菓子事業所での和菓子の継承や職人の独創性の発露による新製品開

		㈱T	㈱恵那川上屋	㈲藤原ファーム	
				（町村合併前）	（町村合併後）
Z	行政区（本社）	滋賀県近江八幡市	岐阜県恵那市	三重県藤原町	三重県いなべ市
	独自設定	近江八幡・水郷地帯	恵那山麓	藤原町・古田集落	古田集落
T		"裏庭"としての農地・農村	栗きんとん発祥の地，他県産栗を利用する菓子屋，担い手不足の栗園	湿田，担い手不足の農地，集落営農，和菓子文化のあるイエ，里山，町の農業公園	湿田，任された農地・食文化，里山，市の農業公園
C		地元産原料・農業経営による菓子	地元産栗を活用した菓子	地元産米を活用した和菓子	地元産米を活用した和菓子
A		グループ経営による「近江の田舎の美」の具現化	栗人・他県産の農産物の発掘	農家，地域住民，直売所，都市住民（近畿圏），農業公園	農家，地域住民，直売所，都市住民（全国），農業公園
メッセージ	モノ語り	朝生・田舎の美	栗きんとん発祥の地	農家のおやつ	田舎のおやつ
	コト語り	近江の田舎・近江商人・水郷・里山文化	地元産の栗文化 来訪者と地元の食文化	藤原町・古田集落の食文化	古田集落の食文化 里山・田舎の食文化

図6-10　ZTCAデザインモデルによる事例の整理・比較

資料：各経営への聞き取り調査の結果に基づき筆者作成。

発とは，異なる過程である。農村に縛られた藤原ファームでは，農村とのつながりを前提に経済条件を確保している。これは，農村とのつながりを社会経済の条件次第で解消する余地を持つような，通常の和菓子事業所による農村からの原料調達とは異なる。

ZTCAデザインモデルを用い，本書でこれまで取り上げられた事例からいくつかをピックアップして整理・比較したのが**図6-10**である。

まず，藤原ファームについて着目すると，旧藤原町という行政的に区切られた場所（Zone）のなかに，独自に古田集落という場所（Zone）を設定している。そして，どのような意味をもつ場所（Topos）かといえば，担い手のいない湿田や，農地荒廃・環境問題を抱えていたダム代替地といった社会的課題をかつて抱えていた地域であった。とくに湿田地帯であるという地域性は，周辺で大豆・麦作が多いことからより象徴的であり，稲作への依存が強い地域であった。その地域において，古田集落の農業の将来の担い手として集落の合意が図られた藤原ファームは，古田集落や水田，稲作に縛られた存在であり，米価下落が予想されるものの，米に依存せざるを得ない経営が前提であった。

古田集落で和菓子の製造販売が行われた背景には，各家庭で自給的におやつをつくっていた高齢者に限らず，社会的課題を抱えた土地を積極的に活用しようと農業公園を提案した旧藤原町長，農業公園整備を下支えしたY氏の尽力，農業公園の存在や，訪れる都市住民等，多様な人物，組織というアクター（Actor）の関わりが挙げられる。

ただ，特徴として，そこではかつて何らかの意味を包含した場所（Topos）が，分散していたともいえる。例えば，担い手のいない湿田という場所，農業生産に向かないが企業誘致も難しく環境問題を抱えた場所，都市農村交流の場所，都市部から近く自然豊かな場所，農家のおやつづくりの文化が残っていた場所――等である。このような場所がもつ意味合いとは，農村住民や都市住民の個々人によって想起されたり，共感されたりするものであり，藤原ファームの和菓子は，こうした複数の場所（Topos）のつながり（Constellation）の一つとして存在していることを指摘できる。

藤原ファームでは，旧藤原町のPRや古田集落の食文化を発信する「農家のおやつ」から，古田集落の食文化に加えて里山・田舎の食文化を発信する「田舎のおやつ」へのコンセプトの転換を図っている。このような食文化の発信に当たっては，各家庭で受け継がれたおやつの伝承・発信に，農村景観の維持・創造とセットで促進したり，職人の雇用によって和菓子を変化・多様化させていた。とくに里山・田舎としての価値の発見・創出や，これを生かした都市農村交流の実践には，藤原ファームが事務局を務め，一部資金負担もしてきたほうすけクラブ等をはじめとした，集落住民のボランティア活動があった。その取り組みは，従来のエコツアー等もあるが，近年では農業公園の変質によるZone磨きの深化として，フクロウの保護活動や田舎のおやつとしての全国展開がある。これらは，和菓子購入者に提供する古田集落のイメージの変容とさらなる魅力の向上を図るマーケティング戦略である。

このように地域の魅力の向上を，和菓子のマーケティング戦略の一つとしている点でみれば，**図6-10**で示した３事例は共通して，農村とのつながりを含んだ和菓子と地域デザインとの共創関係を築いているといえる。**図**

6-10の事例には企業の農業参入の事例も含んでいるが，共通しているのは，農業・農村との関わり方が，単なるコンテンツ（単品）を生産するための原料調達でなく，コンテクスト（文脈）づくりを含むものへと転換されてきていることである。

その際，和菓子は，それぞれの地域のなかで分散していた地域資源の意味を結び付ける役割を担う。そして，そこで構築されていく農業・農村とのつながりの目的は単なる原料調達にとどまらない。また，これらの事例でコンテクスト（文脈）を求めることでつくられてきた地域デザインは，単に復古的な地域デザインでなく，地域の歴史を踏まえた上で和菓子企業が積極的に地域デザインに介入しているという特徴がある。そこには，和菓子が新たな地域デザインを具現化する対象物であると同時に，経営が設定した場所（Zone）が包含する意味合いを消費者に語る主体として存在するという構造がある。これらの事例では，経営の主軸を和菓子に置くか，農業を主軸に置くかという出発点こそ違うものの，藤原ファームを含めて似た構造であるといえ，和菓子と地域との新たな関係の共通した特徴であると指摘できるのである。

注

1）社会的企業論は，社会的排除の社会的包摂に焦点を置く欧州での議論の展開もあり，アメリカと欧州それぞれの文脈によって展開している。白石（2007）や橋本（2009）等を参照。

2）農村空間の商品化については，国内外での事例分析について，田林明氏の研究蓄積がある。国内での事例分析は，田林（2013）等がある。

3）当該地をいかに活用するかは，米需給の緩和により水田開発が認められなかったことや，バブル崩壊後に企業誘致が困難であったこと等の時代的背景を経ながら模索されてきた。詳しい経緯は，箇条書きにすると次の通りである。1971～81年：代替地として県営農地開発事業畑地造成。1989年頃：農地の荒廃化が懸念され始める。1989年12月：地域住民が土地の有効活用を求めて「地域活性化に対する要望書」を町に提出。1990年：町有地としての買収を決定し，用地価格300万円/10a等の条件を地元に説明。1992年：農村活性化土地利用構想策定（工業団地として計画）し企業誘致を促進。1994年：農用地区域内か

らの除外。1996年：工業団地造成計画断念，農業公園構想策定。1997年：用地買収開始（地権者100人，買収面積56ha）。1998年：農業公園構想検討委員会開催。

4）“スローなまちづくり”，“スローな公共事業”というキャッチフレーズはY氏の言葉ではないが，後にNHK「クローズアップ現代＋」（2002年11月18日，「広がる“スロー”な公共事業」）として取り上げられたこと等をきっかけに，当該農業公園に関して農林水産省「2007年度「立ち上がる農山漁村」選定事例」等で使われるようになった文言である。

5）出店料は１シーズン5,000円である。テント１張に２店舗が入るため，農業公園はテント１張当たり10,000円を徴収する。農業公園側は，テント１張のレンタル料（設置費用を含む）として１シーズン40,000円を業者に支払うため，テント１張当たり30,000円（１店舗当たり15,000円）の赤字が発生する。

6）農業公園への聞き取り調査（2014年度末）の結果に基づく。なお，本事例の農業公園の管理運営は，農業公園整備基金の減少にともない，2015年度から指定管理制度に移行した。聞き取り調査（2014年度末）の結果によれば，旧藤原町長を発起人とし，旧藤原町民が理事長，執行理事を務める一般社団法人が請け負う体制へと転換することとなった。

7）対象地域では，実質的に集落営農組織に該当する組織が，「集落組織」または「農家組合」と呼ばれている。**表6-3**では，「農家組合」を「集落営農」に置き換えて作成している。なお，他地域の集落営農組織と同様に，「農家組合」においても作業の共同化や経理の一元化の実態やその程度は，多様である。

8）藤原ファームにおける飼料用米生産は，和菓子需要と保全する水田面積量との差を調整する役割を果たすが，基本的には，農地利用における飼料用米生産の殿的位置付け（小川　2017）にすぎないといえる。

9）その後，飼料用米の新しい専用品種の生産等によって，2017年産の飼料用米収量は，450kg/10aと向上している。

付記：本稿は，筆者が2017年１月に早稲田大学に提出した博士論文「水稲の飼料利用の展開構造」の補論部分の一部を加筆・修正したものです。研究の遂行と博士論文の作成に当たって，終始一貫して暖かく丁寧なご指導ご鞭撻を賜りました柏雅之先生（早稲田大学教授）に心より感謝申し上げます。さらに，貴重なご助言やご指導を賜りました，天野正博先生（早稲田大学名誉教授），三浦慎悟先生（早稲田大学教授），淵野雄二郎先生（東京農工大学名誉教授）に厚く御礼申し上げます（所属・職名は，本書刊行日現在のものです）。なお，博士論文の補論部分は，小川真如（2016）「中山間地域における社会的企業の戦略と限界：集落を基盤とした和菓子製造販売企業の有限会社Aの事例に着目して」『人間科学研究』第29巻第２号，pp.193-

198のほか，小川真如（2016）「和菓子と地域との新たな関係と展望―地域農業の活性化事例から―」（地域デザイン学会関東・東海地域部会第9回研究会「農村の地域デザイン」報告資料）および小川真如・佐藤奨平（2016）「産業構造変動下における和菓子文化研究」（日本家政学会食文化研究部会12月定例研究会「食文化における研究方法」報告資料）を加筆・補正したものです。これらの報告は，それぞれ招待を受けたものであり，貴重な機会をご提供いただきました，地域デザイン学会および日本家政学会食文化研究部会の先生方や事務局の皆様に改めて厚く御礼申し上げます。

参考文献

秋山邦裕（2009）「農業・農村における非営利・公益活動の可能性」『農村計画学会誌』第28巻第1号，pp.18-25。

小川真如（2017）『水稲の飼料利用の展開構造』日本評論社。

橋本理（2009）「社会的企業論の現状と課題」『市政研究』第162号，pp.130-159。

柏雅之（2013）「社会的企業の役割：農業・農村領域におけるイギリスと日本との比較研究」『フードシステム研究』第20巻2号，pp.155-163。

Kotler, P. and Levy, S. J.（1969），Broadening the Concept of Marketing, Journal of Marketing 33（1），pp.10-15。

Kotler, P. and Keller, K.L.（2006），Marketing Management, 12nd edition, Prentice Hall（恩藏直人監修・月谷真紀訳（2014）『コトラー&ケラーのマーケティング・マネジメント』丸善出版）。

斎藤修監修（2014）『フードチェーンと地域再生』フードシステム学叢書第4巻，農林統計出版，pp.15-69。

James, E. and Rose-Ackerman, S.（1986），The Nonprofit Enterprise in Market Economies. Harwood Academic Publishers（田中敬文訳（1993）『非営利団体の経済分析』多賀出版）。

白石克孝（2007）「社会的企業について議論する」柏雅之企画・柏雅之・白石克孝・重藤さわ子著『地域の生存と社会的企業』公人の友社，pp.19-36。

Schumpeter, J. A.（1926），Theorie der wirtshaftlichen Entwicklung, Munchen und Leipzig : Duncker & Humblot（塩野谷祐一・中山伊知郎・東畑精一訳（1977）『経済発展の理論』岩波書店）。

鈴木正明（2009）「社会的企業をどのように支援すべきか：収益性向上の取り組みから得られる含意」『日本政策金融公庫論集』第4号，pp.25-46。

竹本田持（2008）「地域内発的アグリビジネスと社会的企業」中川雄一郎・柳沢敏勝・内山哲郎編『非営利・協同システムの展開』日本経済評論社，pp.274-297。

谷本寛治（2006）「ソーシャル・エンタープライズ（社会的企業）の台頭」谷本寛治編『ソーシャル・エンタープライズ』中央経済社，pp.1-45。

田林明（2013）「日本における農村空間の商品化」『地理学評論』第86巻第1号，pp.1-13。
蔦谷栄一（2015）「地域資源活用による農業展開と地域自給圏の創出：政策提言「地域資源活用で中山間農業のイノベーションを！」を踏まえて」『農林金融』第68巻第10号，pp.16-30。
土肥将敦（2006）「ソーシャル・アントレプレナー（社会的企業家）とは何か」谷本寛治編『ソーシャル・エンタープライズ』中央経済社，pp.121-147。
原田保・古賀広志（2016）「地域デザイン研究の定義とその理論フレームの骨子」『地域デザイン』第7号，pp.9-29。
原田保・宮本文宏（2016）「場の論理から捉えたトポスの展開」『地域デザイン』第8号，pp.9-36。

（小川真如）

コラム　食文化としての和菓子と地域資源の活用

1　食文化としての和菓子がもつ創造性

生物は共通して，生きていくために栄養を体に取り込みます。しかし，人間と動物とでは，取り込むものについて「食べ物」と「エサ」，行為について「食事（しょくじ）」と「食餌（しょくじ）」というように呼び方が区別されています。食文化研究者の石毛直道氏は，動物の食餌は，環境と生理が直結しているのに対して，人間の食事は，環境と生理の間に食品加工と食事行動の体系が介入しているという決定的な違いがあるといいます。人間にとっての“食”が単に経済合理的に必要栄養分を摂取する行為ではないということです。そしてこの人間ならではの行動の背景にあるのが“食文化”です。“食”や“食文化”の詳しい定義は，研究者によって違いますが，生産から消費に至る生活様式によって，食材から食べ物へと変化する過程が共通して指摘されています（**図１**）。

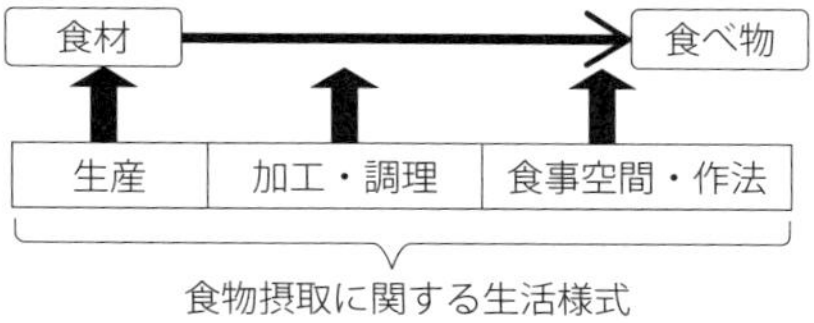

図１　食材から食べ物への変化

資料：参考文献をもとに筆者作成。

他方，和菓子の特徴として，伝統の継承に加えて和菓子職人や企業者による独創性の発揮があります。そして，品質の維持・向上を図ったり，製品を開発したりするために，外国を含む他地域産食材や，洋菓子との融合が積極的に進められました。和菓子は，世界に誇る食文化・和食の一端を担いますが，そこには地域産食材や国産原料に必ずしもこだわらない和菓子職人や企業者の姿勢があり，この柔軟な態度こそが食文化としての和菓子の特徴の一つなのです。

2　地域資源と和菓子の微妙な関係

生活様式に影響を受ける食文化は，必然的に風土などの地域性にも関連します。和菓子には，自然条件や四季の情景から湧き出る想像力を造形に生かしたものや，歴史や文化を含む地域資源に育まれたものも多いのです。都市部から農村部に至る日本各地で，こうした地域特有の資源を生かした和菓子を目にしたことがあるでしょう。

ところで，食材にも地域性があります。例えば，同じ食材でも，生産に向いた地域とそうでない地域があります。農産物貿易によって，私たちは，比較的に生産に向いた地域の農産物を手に入れることが容易となりましたが，他方で，“農業”

と“食”とが乖離してきていることも指摘されます。

地元産食材に拘泥しない柔軟な姿勢によって，和菓子が食文化として育まれてきたことを踏まえますと，和菓子産業は“農業”と“食”との乖離について，ポジティヴな側面を評価してきた産業といえます。つまり，和菓子は，地域との強い結び付きを保ちながらも，農業との結び付きが弱いことによって，その多様性や独創性，品質向上の面で実を結んできたという，地域資源と和菓子の微妙な関係があります（**図２**）。

和菓子産業を評価する上で，地域外の食材は，和菓子職人や企業者のイノベーション，そして安定的あるいは高品質な食材調達にとって不可欠なものであることを忘れてはなりません。食材を輸入等の地域外に依存していることや，調達先が流動的であるフードシステム自体を批判するだけでは，和菓子産業に対する正当な評価とはいえないわけです。

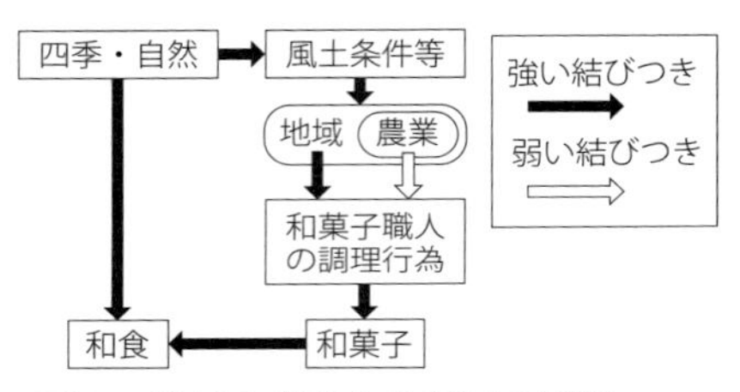

図２　地域と農業と和菓子の関係

資料：筆者作成。
注：ここでは，地域が農業を包含する関係性と捉えている。

もちろん，良品質な食材の調達は，必ずしも輸入依存につながるわけでなく，国産品使用が盛んな食材もあります。和菓子産業では，食品産業のなかでもよりシビアな目で食材が吟味されているといえるでしょう。

３　和菓子産業における地域資源の活用と課題

和菓子産業にとって農業との密接な関わりをもつことは，ともすれば原料調達が限定されるという足枷を自らはめる結果になりかねません。解決策には，農村空間の一環として農業を活用したり，他地域の食材を探索して地域産食材と積極的に融合させたり，地域産原料を生かすための職人を育成して活躍させることなどが考えられます。

このほか，和菓子は日常生活で気軽な嗜好品でもあり，スーパーやコンビニエンスストアで和菓子の売上が増えるなど，流通菓子の増加によって，さらに身近な食べ物になりましたが，画一化された製品も多いようです。和菓子の供給業種，業態のこうした変化は，食べるという行為によって地域をまるごと楽しむことができるような製造小売の和菓子の価値を相対的に高めているともいえ，和菓子と地域資源を結び付けて付加価値を生み出して差別化しやすい状況とも見ることができ，和菓子企業にとって地域と改めて向い合う契機になると考えられます。

参考文献

石川寛子編著（1999）『地域と食文化』放送大学教育振興会。
石毛直道・鄭大聲編（1995）『食文化入門』講談社サイエンティフィック。
江原絢子・石川尚子編著（2009）『日本の食文化』アイ・ケイ・コーポレーション。
地域デザイン学会監修・原田保・庄司真人・青山忠靖編著（2015）『食文化のスタイルデザイン』大学教育出版。

（小川真如）

終章

和菓子企業の地域回帰の特徴

最後に，各章を要約し，振り返りながら，和菓子企業の地域回帰の動きについて整理していきたい。

第１節　和菓子産業の現状と原料調達の仕組み

1）総論編の要約

総論編は第１章，第２章，補論によって構成される。第１章は，和菓子の産業構造の特徴を整理している。この章では，和菓子の分類から始まり，和菓子の産業としての性質について，公的統計等の資料に基づいて分析している。分析に当たっては，立地条件，経営形態，家計消費の動向，原料生産・調達の現状，消費の地域性，そして和菓子企業と地域との関わりについて，マクロ的な視点から検証している。この章において示された重要な点は，以下のとおりである。①和菓子の定義の難しさと多様な経営パターンにより，「典型的な和菓子企業」を描き出し難いこと。②和菓子原料は高品質の調達が重要とされながらも輸入原料が増えていること。この点は，低価格・高価格帯への和菓子の二極化が要因と考えられる。③和菓子の国内消費では高齢者ほど消費が多いことと，まんじゅう・ようかんといった定番以外の和菓子の消費も増加していることが指摘されている。

第１章では，典型的な和菓子企業を見出しにくい中で，一つの傾向として米菓，洋生菓子に比べて，小規模事業体が維持されているとしている。その要因は，日持ちの短さから広域流通に向かない商品特性や，地域との結びつきの強さによるとされている。一方，和菓子企業の事業所の立地の傾向を見ると，60歳以上の人口の割合が高い地域ほど小規模事業所が多く，低い地域ほど大規模化が進むと指摘されている。この立地に関する発見は，世代別の生活様式・嗜好の違いと関連させると，興味深い研究論点を提示していると考えられる。以上の分析を通じて筆者は，一定の地域に限定した原料の安定調達や，その原料を利用した商品開発が和菓子企業にとって大きな強みになるとも指摘している。高品質を求められる「奢侈品としての和菓子」としての商品特質が背景にあり，本書のテーマである和菓子企業の「地域回帰」へのメリットが示されたと言える。

第２章では，和菓子業界における原料調達の特質に注目し，その課題を明らかにしている。和菓子の商品特質である保存性の低さと，事業体の零細性と製造直販型の業態を踏まえた和菓子フードシステムの把握を試みている。分析に当たっては，和菓子原料卸売企業のS社のケースを中心に行っており，原料卸売企業の取扱商品や取引の分析に基づいて和菓子フードシステムに接近している。また，原料調達の特質と課題をめぐっては，和菓子原料の代表的な品目である小豆，クリ，ヨモギから接近している。本章で示されたのは，まず，卸売企業S社は，小規模零細和菓子屋の少量多品目の原料ニーズの把握と，様々なロットへの対応により成長してきたことである。そして，和菓子業界では良質な国産原料の安定的なサプライチェーンが不可欠であり，国産原料を集荷できる体制の構築が卸売企業には求められることである。一方品目別では，小豆は北海道産が重要であり，新たなニーズ（健康志向・ライフスタイルの変化）を踏まえて，安定的な供給が求められる。クリやヨモギでは農家の高齢化により安定調達が難しくなる中で輸入に依存する構造となっている。また，和菓子向け生鮮ヨモギの需要の重要性が増す中で，国産原料調達の激化が進展していると指摘されている。和菓子業界の良質な原料調達に限界が生じる中で，一つの対応策として原料調達の地域回帰志向があり，具体的には，自社生産や地方自治体・農協との連携による産地化が挙げられる。

補論は，食品表示を巡る現行施策（「食品表示法」「原料原産地表示制度」）に注目し，和菓子業界による期待や今後の可能性について述べている。和菓子業界における新制度への課題として，零細企業が多いために，表示に対する負担が大きくなることが指摘されている。特に原料の調達先の変化によっては，その都度，表示への負担が発生する可能性がある。嗜好品である和菓子は品質が優先されるため，良質な原料の調達が重要視されることとなり，産地の囲い込み等が激しくなる可能性もある。しかしながら，この現行の栄養・原料原産地表示は和菓子のPRに利用できる可能性があること，そして和菓子企業の自社原料生産や地域回帰による原料調達の行動にメリットを与えるとしている。また，近年の原料原産地表示の議論は，消費者への情報提供だけではなく，日本農業の構造改革を促進する性格があると述べている。その変化が今後も強まるならば，加工事業者は消費者行政のみならず，農政改革による制度変更への対応が求められるとしている。そのため，これら食品表示や原料原産地表示は，消費者へのメリットの提示（「消費者行政としての原料原産地表示」）だけではなく，農業者に事業者の負担への理解を求めていくことになるだろう（「農政としての原料原産地表示」）と整理している。そして，その取り組みは，農業者・和菓子事業者・消費者の三者のメリットとなること，さらに言えば和菓子事業者と地域農業との連携は，地場産原料を通じた地域との結びつき強化や地域再生への効果の可能性もあるとしている。

2）和菓子産業の特質と原料調達

総論編では，和菓子業界の産業構造や事業者の特徴，フードシステムに対する考察を提示している。総じて指摘されるのが，和菓子は商品として保存が難しく，広域流通が難しいために，零細な事業者が多く存在する産業構造にあることである。しかしながら，和菓子業界でも小規模事業者の減少と大規模経営体が増加しつつあるのが現状である。原料に目を向けると，奢侈品という商品の性格から高品質の原料調達が求められているが，地域農業の担い手不足の問題から安定調達が難しくなっており，原料調達競争が激しくなっている。一方，原料の輸入も増加しているが，品質面では国産への需要が大きい。和菓子事業者の成長・維持には原料の安定調達が不可欠であり，和菓子事業者が原料の自社生産による調達や地域農業と連携して調達していくことが，栄養や原料原産地表示の制度面でもメリットとなることが指摘されている点である。以上のような点を踏まえ，実際に和菓子事業者の地域回帰はどのような展開を辿るのであろうか。

第2節　和菓子企業の原料調達における「地域回帰」の取り組みとその性質

1）事例編の要約

実態調査から和菓子事業者の地域回帰の取り組みに迫ったのが，第3章から第6章である。ここで，各事例の事業者について簡単に整理してみよう。

事例で取り上げられている事業者について，第3章のT社，M社は，第1章における『商業統計：産業編』による分析から見て，大規模な製造・小売事業者の事例であると言える[1)]。T社，M社はともに上場企業ではないが，M社の売上高は300億円，T社の売上高は190億円となっており，店舗も全国各地（M社は海外店舗あり）に展開している。そして，これら店舗に商品を供給する製造工場と輸送体制を構築している。

第4章の株式会社恵那川上屋（以下，恵那川上屋）は，M社，T社ほどの事業規模ではないが，年間売上高22億円に達し，複数の工場や地元のみならず名古屋や首都圏に店舗を持つ企業である。和菓子製造事業者が家族や零細な事業者が多いとする状況を踏まえれば，和菓子業界では大型事業者と言えるだろう。また，第5章の信州里の菓工房は，第4章の恵那川上屋と長野県飯島町の農商工連携を通じて設立された企業であり，販売金額は3億5,000万円である。恵那川上屋への栗加工品（中間加工品）の供給を行うとともに，菓子製造を行う企業である。第6章は農地所有適格法人藤原ファーム（以下，藤原ファーム）による和菓子製造の取り組みである。ここでは詳細は省略するが，藤原ファームは和菓子の製造販売を通じて集落内で生産される農産物利用を促進し中山間の条件不利地域の水田利用面積を拡大する存在として位置づけられている。売上高は3,000万円であり（内，和菓子である草もちは2,044万円），農地所有適格法人内部の加工・販売部門で和菓子製造・販売を行っている。

2）原料調達の手法を巡る論点

これらの事例から，T社，M社，恵那川上屋は，和菓子製造・販売企業による原料の自社生産の取り組みを行っており，農業参入を通じた地域回帰行動を示しているということができる。それに対して，信州里の菓工房は，恵那川上屋と地域の農業者との農商工連携を通じての取り組みを行っている。飯島町における農地荒廃防止，道の駅を基軸とした地域振興活動，町外の企業者との連携は，恵那川上屋が自社生産のみでは確保できない和菓子原料の安定調達の取り組みの一環とみることができる。また，信州里の菓工房は恵那川上屋への中間加工品の供給を担う企業であるが，売上高に占める比率は，現在15％前後に過ぎない。一方で，製造する菓子の自社店舗（道の駅）での販売金額が売上高の57％で過半を占めており，残りは百貨店の催事での販売による。その点を踏まえると，外部事業者の出資によって設立された原料調達・供給企業ではなく，地域で生産される栗を利用した和菓子製造・小売企業と見ることもできる。そして，以上の取り組みは地域の農業者（高齢者による地域振興と地域資源維持への取り組みを中心とする活動組織）との連携を通じた原料調達によって支えられている点が重要である。和菓子企業の地域回帰行動の一つと言えるであろう。

一方，藤原ファームは，フードシステムにおける川上である農業者が，川中・川下段階の加工・販売までを行っているケースであり，第３章から第５章の取り組みと少し傾向が異なる。しかしながら，藤原ファームの和菓子製造・販売の取り組みは，地域内で分散していた地域資源の意味を結びつける（第６章）ものであり，地域デザインを具現化するという面では，他の事例（本書における農業参入企業の取り組み）と似た構造をなしており，経営の主軸を和菓子または農業に置くかという出発点の違いによるとしている。

これらの事例を振り返ると，直接的な農業生産を行うM社，T社，恵那川上屋では，原料調達の困難さ—または将来的に難しくなるとの予測—から農業参入を行っている。生産する原料の選定は，各企業が製造する商品によって決定される。中長期的に調達が可能と考えられる原料は自社農場で生産されることはないが[2)]，一方で単年度では収穫が難しい品目であっても，将来的に調達が難しいと判断すれば長期的な視野をもって生産に取り組んでいる。

3）原料調達からマーケティングへ

地域に回帰する和菓子企業は，販売では必ずしも地元消費者を対象としているわけではない。地域回帰といっても、生産と販売・消費の立地が必ずしも一致しているわけではない。例えば，M社，T社は全国各地に店舗を展開し，M社は海外にも店舗を展開している。恵那川上屋でも地域外の農業者と連携した原料調達・加工を通じた地元消費者へのマーケティングと，地元産の栗を利用した地域外の消費者へのマーケティングの併存が指摘されている（第４章)。和菓子企業者の原料調達における地域回帰は，単純な原料の安定調達だけではなく，その地域のブランドを生かした他地域の消費者へのマーケティングという面も内包しているのである。この点は，清酒製造事業者や惣菜加工事業者といった食品企業の農業参入でも指摘されており（大仲　2018，渋谷　2016)，和菓子企業の農業参入もこれら食品業の農業参入企業と大きな違いはない。しかし，これら和菓子企業の農業参入の取り組みでは，その地域で農業生産を行うことで得られる「地域性」がより重要な役割を果たしており，商品の差別化・高付加価値化に繋がっている。その傾向が特に強いのがT社であり，農業部門が自社のブランドコンセプトである「近江の美」を象徴する存在となっている（第３章)。それに対し，M社，恵那川上屋の農業参入は，T社に比べて自社生産による原料調達の意味合いが強い。しかし，M社も自社による原料生産の取り組みを積極的に消費者に発信しており，そしてその生産しているブドウも，M社が立地する地域の特産品であると周知されている。これは，恵那川上屋における栗―その栗を利用した菓子も恵那川上屋が立地する岐阜県の銘菓という地域性もある―も同じである。その点を踏まえると，和菓子企業による自社原料調達を目的にした農業参入の取り組みは，他の食品企業の農業参入に比べて地域性を帯びると考えられると言えよう。これは，和菓子の持つ商品の性格―広域流通に向かず，地域との繋がりが強い事業者により製造･販売される―によるものと言えるだろう。「地域性」を帯びたブランドが，和菓子においても全国的な訴求効果を持つという点は，本書における１つの重要な発見である。

４）地域農業維持・地域振興への貢献

また，信州里の菓工房や藤原ファームの取り組みは，地域内の農商工連携や農業者による６次産業化を通じた地域振興や地域づくりという面も大きい。信州里の菓工房の場合は，飯島町の地域資源の維持・発展を図る地域農業システムに重要な役割を果たしており，藤原ファームにおける和菓子製造・販売事業者は，地域の水田農業を守る活動の延長線上にある。

このような地域農業システムや地域農業の維持・発展を目指す和菓子事業と，農業参入を行う和菓子企業の取り組みは，販売戦略や全国に広く展開していく事業展開等から完全に一致するわけではない。しかし，立地する地域を活かした取り組みという点から評価すると共通する点は多いと考えられる。本書の事例から判断できるように和菓子企業の農業参入は，位置づけに多少の差はあるが，自社が立地する地域の地域性を活かした取り組みであり，地域の特産や名前を活用した企業ブランドの構築や商品開発を行っている。また，信州里の菓工房や藤原ファームの和菓子製造・販売も地域資源や地域性を活かした取り組みである。その点を踏まえると，本書で取り上げた事例は，取り組み内容や程度の差はあるが，自社の立地する地域，または原料の調達で連携する地域の地域性を活かした商品開発や企業ブランドの構築を行っていた。そのため，和菓子企業の原料調達における「地域回帰」の様々な行動には，単純な原料調達ではなく，和菓子の持つ商品特性もあり，立地地域の地域性を活かした取り組みという一定の傾向が見られると言えよう。

第3節　残された課題と展望

1）個別の事業者が取り組むことの限界

以上，総論編・事例編を振り返ってみた。まず，総論編で確認されたのは，和菓子業界においては，商品の性質—奢侈品であり，日持ちが難しく広域流通が困難—により，原料調達において品質が非常に重要視されるという点である。その一方で，我が国の農業・農村人口の高齢化により和菓子原料の生産が困難となり，原料の安定調達が難しくなっている。我が国の農業経営体・農地・労働力の脆弱化の進展により農業の縮小・再編が進む中で（安藤2018），国産の和菓子原料の調達はさらに厳しくなると言えるだろう。和菓子企業の原料調達における「地域回帰」もその延長線上にあると言えるだろうが，その取り組みを見ると，全ての課題の解決に繋がるとは言いがたい面も認めなければならない。

和菓子企業の農業参入においては，その限られた企業の経営資源を割いて取り組むことになる。また，農業部門は農業生産が持つ様々なリスクを内包することになる。そのため，必然的に農業生産に取り組む品目は絞られてくる。その企業にとって絶対に必要な原料や旗艦的な商品の原料だけでなく，さらなる高付加価値化・差別化に寄与するものとなる。そのため，和菓子企業の農業部門における原料の自社生産による調達は，その企業の原料調達において補完的な取り組みとなるのである。

また，本書の第３章で取り上げたT社の事例から示されるように，和菓子企業の農業生産の継続性は，本業の事業展開に規定されている。和菓子企業の商品展開に応じて農業生産も変化していくことになるが，自社の農業部門がその変化に合わせて栽培品目を柔軟に変えていくことは難しい実態が明らかになった。農産物需要の情報を自らが持つ農業参入企業でも，製造・販売現場の実需に合わせて農業生産を行うことが難しいのであり，和菓子企業—

食品業全体に当てはまるだろう―の農業参入は，地域農業の担い手として不安定な面を内包している点を理解しておく必要があるだろう。また，信州里の菓工房の事例では，定年退職した地域の高齢者の地域資源を守るという意識によって農業生産の取組が支えられている。藤原ファームでも，組織の新たな担い手・後継者の確保の見通しが十分ではない。

2）「地域回帰」の「枠組み」構築に向けて

和菓子企業の原料調達による「地域回帰」は，地域性や地域資源の活用，地域の農業者への支援・連携，地域農業の新たな担い手の確保等，農業を中心にした地域振興・地域づくりに貢献できる取り組みと言える。しかしながら「地域回帰」は，和菓子企業の事業の活動内容の性質に大きく規定され，また各事業者が直面した経営課題の解決を目指した個別対応的な取り組みにとどまっているため，我が国の農業や和菓子産業の原料調達上の課題を解決する根本的な対応とは言い難い面もある。しかしながら，本書で取り上げた原料調達における「地域回帰」の取り組みが，和菓子産業に共通する原料調達の課題を解決するための一つの方向性を示していることは間違いない。今後，本書の事例で取り上げたような取り組みを他の事業者が行おうとする可能性は大いにあるとしていいだろう。

和菓子業界の性質である零細性を鑑みれば，零細な１事業者でこれらの活動を行うのは簡単ではないだろう。零細事業者が原料調達において「地域回帰」するために，どのような「枠組み」を準備するかということは，実践上及び研究上残された課題である。この和菓子産業・事業者の「地域回帰」の動きを，農業者や事業者だけではなく，JAや行政，和菓子原料の調達・物流を担う卸売業者等，地域のさまざまな主体が連携して進める体制を構築していくことも，「枠組みの」一つの選択肢となりうると考えられる。和菓子産業の原料調達における「地域回帰」の動きを一過性または点的な取り組みではなく，実需者を通じた我が国の地域農業の再編・発展の動きにするためには，和菓子産業の持つ特質を踏まえて，推進していく必要があると考えられる。

注

1）第1章によると，菓子製造小売業の販売金額は7,671億円であり，事業所数は21,633事業所である。1事業所当たりの販売金額は約3,546万円となる。無論，これは事業所単位での計算であるため，企業体の数値を示すものではない。しかし，M社の保有する工場は5ヶ所で，店舗数は300店（国内）で売上高は300億円であり，T社の工場は2ヶ所，店舗数は34店舗，売上高は190億円である。企業体として見ると，T社，M社は和菓子業界の中で大規模であると言える。

2）その典型は小豆であろう。全企業は小豆を利用するが，自ら生産することを想定していない。第1章で示されたように，北海道といった小豆産地から調達ができると予測しているためと言えよう。

参考文献

安藤光義（2018）「はじめに－本格的な縮小再編に突入した日本農業」『縮小再編過程の日本農業―2015年農業センサスと実態分析―』農政調査委員会，pp.1-14。
大仲克俊（2018）「食品企業の農業経営の展開と経営における位置づけ」『一般企業の農業参入の展開過程と現段階』農林統計出版，pp.123-180。
渋谷往男（2016）「清酒製造業の農業参入理由に関する一考察」『農業経営研究』第54巻第3号，pp.73-78。

（大仲克俊・西川邦夫）

私のコメント

中島正道

第1章　和菓子をめぐる産業構造（執筆者：小川真如）

執筆者は，お菓子を学ぼうとする人々のために，この章を企画したのであろう。第1節は和菓子の多様性について，**表1-1～表1-3**の資料を提示している。第2節では，菓子全般の市場を整理し，**図1-1～図1-3**，**表1-4～表1-5**の経済産業省の資料を示している。第3節和菓子の原材料の生産地域では，1）米，2）小豆，3）砂糖，4）寒天，5）柏の葉の状況を論じている。第4節和菓子の消費と地域性においては，経済産業省「工業統計調査」，総務省「家計調査」データを詳細に分析している。第5節和菓子製造企業の規模の動態を論じ，最後に第6節和菓子企業と地域との関わり：総合的考察と残された課題をもって壮大な論述をしめくくっている。

第2章　原料卸売企業からみた和菓子業界の特質と課題（執筆者：佐藤奨平・髙橋みずき・竹島久美子）

執筆者は，「和菓子業界は家族経営を中心とする小規模零細企業が大半を占めている。このため，小規模な和菓子屋は，少量多品種の原料を必要としている。S社は，1975年に設立以来，関東圏に本社と三つの営業所を展開し，都内和菓子屋への販売を中心に多品目の和菓子原料を取り扱う卸売企業として，業界で高いシェアを獲得してきた」と述べている。また，社会学の立場から森崎美穂子氏は，コンヴァンシオン理論等に依拠しながら和菓子屋調査での検証をもとに，『近年の和菓子の発展の方向性としては，大量生産市場を脱却し，（中略）伝統的な真正性による価値づけが維持されつつも，次第に新しい価値づけコンヴァンシオンへの萌芽的進化が見られるのである』と指摘する（佐藤奨平ほか『食品経済研究』第46号，2018年3月）。コメント者としても，佐藤氏の論旨に共鳴したい。

補論　和菓子業界における原料調達の新局面―栄養成分表示と新たな原料

原産地表示の義務化に着目して―（執筆者：藪　光生・小川真如）

この補論では，「食品表示法」（2015年施行）に基づく，栄養成分表示の義務化（食品表示基準，2015年施行）と，新たな原料原産地表示制度（食品表示基準の一部を改正する内閣府令，2017年公布・施行）を取り扱っている。これらの制度は現在，移行期間中であり，栄養成分表示は2020年３月までに，原料原産地表示は2022年３月までに，和菓子業界を含む全ての食品加工業が取り組む義務がある。この補論では，これらの制度の制定過程の整理や，和菓子業界ならではの課題を踏まえながら，期待や今後の可能性の一端を考察する。

１．新法「食品表示法」制定の背景と目的

表補-1　食品表示法制定以前の表示に関する主な法律

図補-1　食品表示の一元化の概況

２．加工食品の栄養成分表示の義務化

表補-2　食品表示法に基づく栄養成分表示における栄養成分と食品別にみた表示の義務

図補-2　栄養成分表示の表示値設定のフロー

３．全ての加工食品の原料原産地表示の義務化

図補-3　日本における原料原産地表示制度の変遷

上記１，２，３は全て加工食品にかんする義務（内容略）

４．和菓子業界ならではの課題

５．和菓子業界ならではの可能性

６．和菓子業界における原料調達の一展望―国内農業との新たな連携や連携強化―

上記４，５，６は和菓子業界ならではにかんする義務（内容略）

この「補論」の執筆者（藪　光生：全国和菓子協会専務理事，小川真如：一般財団法人農政調査委員会専門調査員）は真に適任な専門職にあって，至誠の立論をなさったと思う。読者の熟読を期待したい。

第**3**章　和菓子企業の農業参入における原料生産の展開過程と課題（執筆

者：大仲克俊）

これは，日本最大の和菓子企業について，大仲克俊氏が企画した調査研究計画の案である。「案」として妥当であるが，大きななお未知な領域が存在することをコメント者としては痛感せざるを得ない。

「事例として取り上げるのは，自社で利用するブドウの果樹農業の生産に取り組む㈱Mと，ヨモギや大豆を転作水田の利用により生産する㈱Tを取り上げる。両法人は，全国の百貨店への出店や支店による販売を積極的に行ってきた和菓子企業であり，和菓子のみならず，洋菓子も手掛ける大企業である。また，両法人の農業生産を見ると，特殊かつ高コストで，原料調達に不安のある農産物の生産に取り組んでいる事例である。さらに自社生産を通じた商品のPRやコンセプトを打ち出しており，いわば，食品企業，又は和菓子企業の想定される農業参入において典型的な事例である。」

第４章　クリ菓子業者によるクリ生産への接近―岐阜県恵那市㈱恵那川上屋を事例に―（執筆者：髙橋みずき・曲木若葉・竹島久美子）

東美濃地域は岐阜県内の中でも南東部に位置し，恵那山の麓に広がっている。その地を代表する「栗きんとん」は長年にわたり，多くの人々に愛されてきた。東美濃地域には現在でも50軒を超える菓子屋により栗きんとんがつくられており，毎年10月中旬には中山道菓子祭りが開催される。

1961年国政では農業基本法が制定され，農業の構造改革（零細性の克服）が視野に入れられた。1962年には栗生産者で組織される「東美濃栗振興協議会」が設立された。1964年創業者である鎌田満氏が中津川市内の和菓子店で修業したのち恵那市にて「恵那川上屋」を創業した。なぜ，地元の農業に接近し，原料生産を行うまでに至ったのか。やがて苦心の成果を得るに至るのである。1998年に満氏の息子である鎌田真悟氏が２代目社長を務め，模索を経て，2008年には「株式会社恵那川上屋」へ社名を変更し，現在に至る。

栗生産技術の普及には，岐阜県農業試験場職員のT氏の果たした功績が大きい。T氏は岐阜県坂下町の栗農家と親交が深かった。坂下町は中津川市の北方約10kmの位置にあり，「木曽川が東→西から北→南へ」と屈曲する名勝の景観に恵まれていた。戦後，果樹や野菜の生産では採算が合わない美濃高原の農家に対して栗栽培の「眺望」を変えようと，T氏自らが30年を費やして開発した「超低樹高栽培」の導入を模索した。

元来，栗の樹は剪定しないと８m以上の巨木になり，手入れが大変になる。これに対して超低樹高栽培では，ある程度樹が育った段階で主幹を伐採することで，高さを止めて，枝が横に広がるように育てることができる。新しい真に画期的な栗ビジネスの技術面での傑作である。

そして，経営面を鎌田満・真悟２代の経営者が謙虚に農家の人々の心を獲得していった。それが㈱恵那川上屋である。技術面・経営面が両輪となって，徐々に消費者の心を動かしていった。『日本一の栗を育て上げた男の奇跡のビジネス戦略』（鎌田真悟著，総合法令出版，2010年）は真の名著である。

第５章　和菓子企業と地域農業との連携―長野県飯島町㈱信州里の菓工房を事例に―（執筆者：曲木若葉・髙橋みずき・竹島久美子）

本章では，岐阜県恵那市域の和菓子製造業と長野県上伊那飯島町の地域農業との連携の一事例として，後者の「㈱信州里の菓工房」を取り上げる。

なお，星勉・山崎亮一編著『伊那谷の地域農業システム』（筑波書房，2015年）は,「（２）栗の里づくり」(pp.224-229) 及び「７．小括」(pp.235-238) において興味深い論点を示している。

第６章　農業法人による和菓子製造とマーケティング戦略―集落の水田を守る社会的企業・有限会社藤原ファームの事例分析―（執筆者：小川真如）

「草もち」にこだわり,「草もち」を大きな存在にするよう心がけて頂きたい。「草もち」を愛し慈しんでいってほしい。ヨモギはそれに力を与える筈である。なつかしい，本当になつかしい「草もち」になってゆくように，がんばってください。

私は「ヨモギ」をタイトルに掲げてある２冊の本を，私の居住地の公立図書館から借りて，週末までにはほぼ検討を終わり，返却した。興味深い，作者大城 築（おおぎ　きずく）氏が一心に努力されて出来上がった本である。そして大城氏は数年前に逝去された。一冊めは『図解よもぎ健康法』2006年

３月，二冊めは『食べて健康！　よもぎパワー』2007年７月刊行。両書とも農山漁村文化協会が発行所である。前者は，フランス，中国などの生活医薬をよもぎに即して解説したものであり，有益と思われるところも多いが，ひとまず大略の理解にとどめた。後者は，より現代日本人にとって役立ち，身近な健康野菜として「よもぎ」を食卓にのせようという意識は感じられるが，本書第６章の主題とする《和菓子製造とマーケティング戦略》には，やや遠い。むしろ，《食べて健康！　よもぎパワー》の56レシピのうち，スパゲッティ，スタミナ野菜炒め，ジャーマンポテト，オムレツ，ハンバーグ，ピカタ，スープ，カレー，トマトのスープ，ロールケーキ，ジャムクレープ，ジュース，ワイン，ソース，ドレッシングの15種類の（カレーを含めて）洋風スタミナ系レシピとなっていることに注目しておきたい。

２）藤原ファームの現状と課題の冒頭に示されているように，ヨモギ（生葉400kgが生産・加工・販売の各段階に流れてゆく（**図6-4**））とほぼ同じように，『食べて健康！　よもぎパワー』のレシピからも，洋風スタミナ系レシピとその他の系レシピを何らかの系ごとに比率に分けて，何らかの分析を示すことはできる。ヨモギ葉の各段階と洋風その他の味覚選好系レシピ比率とを組み合わせてゆくことによって面白い推論を示す等もできるかもしれない。しかし，それらは元来データの次元が異なっていることから，つまらない推論を行うことになるかもしれない。小川氏の慎重な推論にしばらく委ねることが賢明であろう。

（補遺）

コメントを閉じるに当たって，各章の執筆者がそれぞれのテーマからはやや外れると考えて，より深い追求を控えたと思われる「CAS冷凍システム」について若干の情報提供を試みたい。まず，鎌田真悟『奇跡のビジネス戦略』総合法令出版，2010年11月，によると「収穫したばかりの新鮮な栗を加工後，零下六〇度で急速冷凍できる装置です。たとえば，水羊羹を普通に冷凍すると，水分と寒天が分離してしまいます。ところがCAS冷凍で保存すると水分が出ません」（第２章，102頁）。また「当社では，現在，約二〇〇種類の栗菓子を提供しています。第２章で述べたように，CAS冷凍システムによって秋に収穫された栗は新鮮なまま，栗のペースト《えなくりのたね》に加工されます」（第３章，163頁）。

さて，2018年８月２日～３日神奈川県立図書館及び神奈川県立川崎図書館にて作業し，「CAS」は「cell alive system」の略で，「細胞が生きているシステム」を意味していることを確認した。

さらに，「CAS機能付き凍結システム技術とその装置」大和田哲男（おおわだ　のりお）技術論文　株式会社アビー代表取締役社長の「２・２ CAS機能付き急速冷凍技術」及び「２・３ CAS機能保管技術」の部分は再三再四熟読したが真摯な文章であると敬服した。

『特許公報（B2)』「超急速冷凍方法およびその装置」（全文：A4版15枚）2018年8月22日，パソコン画面を申請すると低額実費で交付された。驚くほど平易な文章で，ていねいに趣旨を説明する。立派な特許公報として感心した。発明者は２名で筆頭は大和田哲男氏である。さまざまな方向から，鎌田真悟氏に強力な支援者が現れたと思う。

次に，大城氏の2006年に刊行された『図解よもぎ健康法』からの引用として最低限の補充をしておきたい。

①「フランスでは開花期の７月から10月ころによもぎを採集し，煎じて飲んだり，浴溶剤として使用します。」（p.26）

②「中国では，よもぎには邪気を祓う力があるとされ，祭事などで使われます。常食すると寿命が延びるといわれています。」（p.68）

③「愛媛大学医学部の奥田拓道教授は，よもぎの乾燥葉から取り出したタンニンが，老化物質である過酸化脂質ができるのを強力に抑制することを確認しました。よもぎには細胞の老化を防ぐ物質が含まれている」（p.15）

あとがき

ご高覧いただいた方々には，本書出版の背景を説明しておきたい。

編者は，大学院修了後，奉職した㈶農政調査委員会（調査研究部）にて，農林水産省等への参考に供する調査研究事業に従事した。在職中は，調査研究部長を併任する土田清藏氏（理事事務局長），吉田俊幸氏（理事長）をはじめ，役員，先輩方から，シンクタンクの右も左も分からなかった私に，厳しくも温かい心でご指導をいただいた。食料・農業・農村問題のみならず，領域を超えたさまざまな先端的事業のプロポーザル業務は，未熟なロワー・マネージャーが乗り越えなければならない試練であった。

念願の事業獲得後は，調査研究部の鷹取泰子氏と市村雅俊氏らとともに，毎週のように地方調査を設定・敢行し，オフィスに戻ると，分析・報告書作成と別のプロポーザル業務を併行的に行う日々であった。総務部の竹井京子氏や秋山恵子氏のサポートと卓越した事務処理には感謝しかなかった。オフィスの入る紀尾井町の日本農業研究会館には，田家邦明氏（日本農業研究所），深谷成夫氏（全国農地保有合理化協会）といった方々がいらして，研究の壁にぶち当たっていると，いつもアドバイスをくださった。橋詰登氏（農林水産政策研究所）や職場OBの平林光幸氏（同）にも，たびたびお世話になった。先輩方は他にもおり，大仲克俊氏（当時，JC総研）と西川邦夫氏（当時，東京大学）である。

農業問題研究学会の常任幹事を務めていた両氏と私は，年齢が近いこともあり，打合せや会議だけでなく，その後の時間も麹町・半蔵門や四谷附近でよく顔を合わせた。その席で，これから若手研究会をやろうという話になった。初めのうちは，論文を報告したり，ピケティを読んだり（私は業務に忙殺され途中断念）していたが，しだいに共同研究しようとなった。研究会の名称は，「田園構造研究会」に決まった。

企業の農業参入研究のフロントランナーである大仲氏からは，面白いケースが出てきていると紹介があり，和菓子企業の農業参入をテーマにすることになった。そこで，募集が開始されたばかりの公益財団法人ロッテ財団第１回奨励研究助成に対して，「地域へ再帰する和菓子製造企業－新たな「地域」との関係と展望－」のタイトルで応募することにした。ただ，申請に際しては，このような研究費を管理できる機関に所属する者が研究代表者を務める必要があったため，検討の結果，佐藤が担うべしということになった。もともと食品企業研究を専攻してきたのだからということも理由の一つであった。後日，職場の上司には，若い人達と取り組むのは大変結構だとお許しをいただいた。

こうした経緯から，一部作業を大仲氏・西川氏と分担しながら，研究計画書の全体的かつ最終的な作成を佐藤が行った。提出期限直前に，残業後のオフィスにかかってきた平林氏からの激励の電話は，申請書を書き上げる力となり，翌朝始業前にどうにか駆け込んで新宿郵便局の窓口に間に合わせることができた。果報は寝て待てとの教えを守っていると，2014年から３年間の助成決定のお知らせを受けた。総務部の方々には，本来の業務以外で本研究の事務的な手間を増やしてしまったと思うが，感謝している。

本書の執筆者でもある竹島久美子氏（当時，東京大学大学院），曲木若葉氏（当時，東京農工大学大学院）は研究会の立ち上げから参加し，それから小川真如氏（当時，早稲田大学大学院），髙橋みずき氏（当時，明治大学大学院）らが加入された。私たちは，終業後や休日に集まり，文献の収集・検討や事例地の探索・調査等を手探りで進めていった。ところがこの間，いつも都内にいた西川氏と大仲氏がそれぞれ茨城大学と岡山大学に，私は藤沢の日本大学に移ることとなった。都内での研究会の開催頻度は，低くなっていった。同時に，両氏は海外派遣されるなど多忙をきわめ，ただちに本研究に多くの時間と労力を割ける状態ではなくなった。私も同様に，異なる職場環境に戸惑いつつ，本研究に取り掛かるために，積み残した仕事と新たな仕事の消化に取り組むので精一杯の状態になっていたかもしれない。

そうしたなかで，当時奮闘してくださったのが，先ほど紹介した大学院生（当時）の方々である。また，五十嵐彬氏（当時，東京大学大学院）には，統計データの精査にご尽力いただいた。この方々は，ご自身の研究との接点から，本研究の問題意識を踏まえた事例を発見し，調査・分析を積極的に行われた。その結果は，新知見であふれ，学会等で報告されるとともに，本書の各章で展開された。私もおかげさまで，全国和菓子協会，原料卸売企業，地方和菓子企業の訪問調査を実現し，メンバーと一緒に業界事情・課題を共有できた。奥深い和菓子の世界の一端を知ることもできた。田園構造研究会の方々との刺激的な共同作業は，本研究助成により実現したものであった。なお，ロッテ財団には，研究成果の公表に向けて，本書の出版をお認めいただいた。事務局の小松宏氏と廣石由加氏は，いつも親切に応対してくださり，大変ありがたかった。編著者名は，個人的には研究会名等にできればと考えていたが，佐藤となった。複雑な心境だが，その大役を編集作業で果たすことはできたであろうか。その評価は読者に委ねなければならない。

最後になるが，本研究にご理解と多大なご協力を賜った関係各位に感謝申し上げる。また，研究メンバーやさまざまな方々との“ネットワーク”を与えていただいた農政調査委員会にも御礼申し上げる。調査協力者でもある藪光生氏（全国和菓子協会専務理事）には補論の執筆にも加わっていただき，中島正道先生には『日本の農業』（農政調査委員会）のスタイルに準じてコメントをご寄稿いただいた。カバーの装丁は，牧野彩氏（和菓子作家・製菓衛生師）のご協力を得た。本書が今後の研究のみならず，和菓子業界や消費者・生産者・農協・自治体等の方々のご参考になれば，望外の幸せである。なお，先述の諸般の事情と編者の不手際ゆえに，早々に出版を実現できなかったことはお詫びしたい。しかしそれでも，筑波書房の鶴見治彦社長とスタッフの方々には，辛抱強く見守っていただいた。記して謝意を表する。

2019年新春

「研究代表者」として

佐藤奨平

執筆者紹介

序章，第２章，あとがき
佐藤奨平（さとう しょうへい）
日本大学生物資源科学部食品ビジネス学科専任講師
1984年神奈川県生まれ。日本大学大学院生物資源科学研究科博士後期課程修了。日本学術振興会特別研究員DC，㈶農政調査委員会研究員，日本大学生物資源科学部食品ビジネス学科助教を経て，2018年より現職。博士（生物資源科学）

第３章，終章
大仲克俊（おおなか かつとし）
岡山大学大学院環境生命科学研究科准教授
1981年愛知県生まれ。高崎経済大学大学院地域政策研究科博士後期課程修了。㈶農政調査委員会専門調査員，全国農業会議所，（一社）JC総研研究員，副主任研究員を経て，2015年より現職。博士（地域政策学）

第１章，補論，第６章，コラム
小川真如（おがわ まさゆき）
（一財）農政調査委員会専門調査員
1986年島根県生まれ。東京農工大学農学部卒業。農業共済新聞の記者を経て早稲田大学大学院人間科学研究科博士後期課程修了。2017年より現職。専門社会調査士，修士（農学），博士（人間科学）

第２章，第４章，第５章
髙橋みずき（たかはし みずき）
明治大学農学部食料環境政策学科助教
1984年東京都生まれ。明治大学農学部卒業。食品企業での商品開発業務を経て，明治大学大学院農学研究科博士後期課程修了。2017年より現職。博士（農学）

第２章，第４章，第５章，コラム
竹島久美子（たけしま くみこ）
農林水産政策研究所研究員
1986年埼玉県生まれ。東京大学大学院農学生命科学研究科博士後期課程単位取得満期退学。（一財）農政調査委員会専門調査員を経て，2017年より現職。

終章

西川邦夫（にしかわ くにお）

茨城大学農学部地域総合農学科准教授

1982年島根県生まれ。東京大学大学院農学生命科学研究科博士後期課程修了。㈶農政調査委員会専門調査員，日本学術振興会特別研究員PDを経て，2014年より現職。博士（農学）

第４章，第５章

曲木若葉（まがき わかば）

農林水産政策研究所研究員

1988年東京都生まれ。東京農工大学大学院連合農学研究科博士後期課程修了。日本学術振興会特別研究員DCを経て，2016年より現職。博士（農学）

補論

藪　光生（やぶ みつお）

全国和菓子協会専務理事

1978年全国和菓子協会専務理事に就任。和菓子業界内の経営指導，広報活動に尽力する他，講演活動，教育活動を精力的にこなす。現在，全日本菓子協会常務理事，日本菓子教育センター副理事長，全国豆類振興会広報委員長，製菓学校講師など。

コメント

中島正道（なかじま まさみち）

1940年静岡県生まれ。東京大学大学院農学系研究科博士課程単位取得満期退学。日本学術振興会奨励研究員，㈱ドゥタンク・ダイナックス社会解析研究部長，食糧学院教授，茨城大学教授，東京農工大学大学院連合農学研究科博士課程兼担教授，日本大学教授，宮城大学客員教授，愛国学園大学教授を歴任。博士（農学）

和菓子企業の原料調達と地域回帰

2019年2月23日　第１版第１刷発行

編著者　佐藤　奨平
発行者　鶴見　治彦
発行所　筑波書房
東京都新宿区神楽坂２－19 銀鈴会館
〒162－0825
電話03（3267）8599
郵便振替00150－３－39715
http://www.tsukuba-shobo.co.jp

定価はカバーに示してあります

印刷／製本　平河工業社

ISBN978-4-8119-0547-1 C3033